成为设计师的 49 堂课

［日］永井弘人 著
林藤 译

江苏凤凰文艺出版社
JIANGSU PHOENIX LITERATURE AND
ART PUBLISHING, LTD

图书在版编目（CIP）数据

成为设计师的49堂课 ／（日）永井弘人著 ；林藤译
. —— 南京 ：江苏凤凰文艺出版社，2017.10
ISBN 978-7-5594-0831-0

Ⅰ．①成… Ⅱ．①永… ②林… Ⅲ．①设计学 Ⅳ.
①TB21

中国版本图书馆CIP数据核字(2017)第164413号

江苏省版权局著作权合同登记：图字10-2017-251号

DESIGNER NI NARU TSUTAERU LAYOUT IRO MOJI NO ICHIBAN TAISETSUNA KIHON
Copyright © 2015 Hiroto Nagai
Chinese translation rights in simplified characters arranged with
MdN Corporation through Japan UNI Agency, Inc., Tokyo

书　　　　名	成为设计师的49堂课
著　　　者	［日］永井弘人
译　　　者	林　藤
责 任 编 辑	聂　斌　孙金荣
特 约 编 辑	陈舒婷
项 目 策 划	凤凰空间/陈舒婷
封 面 设 计	张　璐
内 文 设 计	张　璐
出 版 发 行	江苏凤凰文艺出版社
出版社地址	南京市中央路165号，邮编：210009
出版社网址	http://www.jswenyi.com
印　　　刷	北京彩和坊印刷有限公司
开　　　本	710毫米×1000毫米　1／16
印　　　张	9
字　　　数	86.4千字
版　　　次	2017年10月第1版　2024年4月第2次印刷
标 准 书 号	ISBN 978-7-5594-0831-0
定　　　价	58.00元

（江苏凤凰文艺版图书凡印刷、装订错误可随时向承印厂调换）

前 言

本书是为想成为设计师的人准备的入门教材。

当你阅读此书，说明你或多或少有"想成为设计师"的想法，或者对设计感兴趣。而此书正是为想做设计的你准备的。

"我想迈出设计师的第一步，但我怕自己做不好……""设计该怎么入门呢……""我自己平时虽然也有设计些东西，但拿来正式工作，感觉还欠缺了些什么……"

别担心，我 10 年前也跟你一样。当我学会使用 Illustrator 和 Photoshop 之后，作为设计师进入设计公司工作，把写着"平面设计师"的名片递给客户时，感觉自己就是个设计师，但好像又与自己心目中的"设计师"不太一样。究竟差别在哪里呢？

究竟"设计师"的定义是什么，每个人心中都有自己的答案。本书将设计定义为"将目的凝聚成形"，而"设计师"是"能明确目的，将目标凝聚成形的人"。

作品是展现给人看的。可爱的女生、严肃的商务人士，以及朝气蓬勃的孩子，根据观众群体不同，设计的目的和方向也会产生很大的变化。面对不同群体，究竟该怎么设计才能震撼人心呢？目的不同，其表现手法也不同。只有在确定了具体的目标后，设计才算正式开始。

本书由以下几部分组成。

第一章主要为大家介绍设计的大体流程以及设计师应有的"心得"。第二章介绍设计所需的排版、颜色、文字以及设计技巧等基础知识。而第三章通过实例解析设计的具体手法和构思。通过阅读本书，你将获得作为设计师应有的思维和知识。

如果你通过此书，能有"啊！我也能成为设计师了呢！好高兴！好兴奋呀！"的感觉，那么我将无比的欣慰。那么，让我们正式开始吧。

永井弘人

目　录

第一章　设计的心得

第二章　设计方法的基础知识

第三章 通过实例学习设计

第一章
设计的心得

当设计师该具备什么呢？

想成为设计师，或者想提高自己的设计水平，首先得让自己具备设计能力。那么，到底应该怎么做呢？

Action!

把知识变成智慧

在设计的过程中积累知识

■ 与设计相关的知识不胜枚举。比如形状、颜色、

文字、照片、排版、印刷，等等。这些在书上、网上比比皆是。然而如果只是单纯地看，那些知识并不能成为你自己的设计能力。要让自己具备这些设计能力，就必须"亲身实践创造作品，把知识转变为智慧"。

所谓"设计"，就是
"把目标凝聚成形"。

换言之，"设计师"就是
"确定目标，并把目标凝聚成形的人"。

而这种将目标凝聚成形的能力，就是
"设计能力"。

明确目标，盯准目标，之后只需将目标转化为设计形态。
因此设计能力尤为重要。

■ 觉得排版不好看→查询如何排版才能更美观（知识）→结合查到的信息并加以应用，就会发现排版果然变得好看了（技巧）。当你学到知识后，首先需要融会贯通，然后亲自做一遍，知识自然而然就转变为技巧了。

Action!

在实践中提升设计能力

多创造"用于展示的作品"以提高设计能力

■ 你是否在设计时会有茫然无措的感觉呢？这就跟思考创意一样，一味地思考是找不到答案的。只有"实际动手创作"才能找到灵感，这样"即便一头雾水，也总有眉目"。只有找到眉目之后才能清楚下一步具体该怎么做。

■ 什么是"实践"呢？简单来说就是"创作用于展示的作品"。设计就像齿轮，是由形形色色的人和事物构成的。不同的人对设计的要求不同，具体该怎么设计，只有在实践中思考、体会、创作，才能渐渐达到成熟的设计水平。

■ 本章主要以介绍设计的大体流程为主，并讲解设计时必备的"思考方式和心得。"这些是学习设计知识及方法的前提。具体的设计知识及方法在第二章、第三章进行讲解。

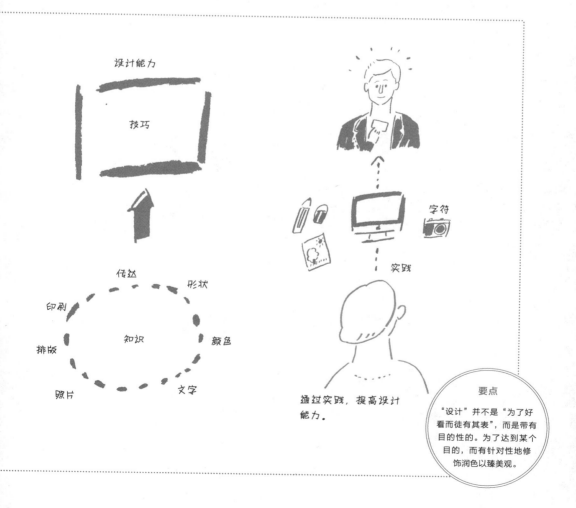

设计能力

技巧

传达　形状

印刷

排版　知识　颜色

照片　文字

通过实践，提高设计能力。

字符

实践

要点

"设计"并不是"为了好看而徒有其表"，而是带有目的性的。为了达到某个目的，而有针对性地修饰润色以臻美观。

寻找客户

原来如此！首先应该"创作用于展示的作品"才能提高设计能力啊。可是，展示的对象是谁呢？

Action!

选择客户

试着选择身边"最想给他设计作品"的人作为第一个客户

■ 相信许多人都有过找不到设计对象的烦恼吧。对此，一开始设计对象（客户）可以是父母、兄弟、朋友或身边认识的人。思考一下，你身边"最想给他设计作品"的人选吧。

■ 在选择客户时，最好选个对设计有见解、有兴趣的人。因为设计并不只是单方面的创作，因此需要选择可以和你一起参与创作的人，或是在设计遇到困难时，可以与你一同感受设计乐趣的人。当作品完成后，那种乐趣也一定能传递到他们身上的。

纠结啊——

父母

朋友

兄弟及熟人

03 听取客户的想法

找到"最想给他设计作品"的人了吗？那么，以那个人"想做的事情"为目标，开始设计作品吧。

Action!

聆听想法

设计出能实现客户"想法"的作品

■ 当决定好客户之后，与客户见面，听听对方有什么想法。"现在想做什么呢？以后想做什么呢？为什么想做？怎么做？"等。

■ 比如朋友说："以后，我想在自由之丘上选一个阳光明媚的地方开家咖啡厅。"→根据朋友的梦想，设计出咖啡厅的 LOGO 和海报。又比如兄弟说："我想要一张求职时能充分展现我个人优点的名片。"→根据兄弟的个人特点，设计出具有特色的名片。

■ 人们的想法和热情是创造优秀设计作品的重要燃料。一定要积极听取人们的想法。

平面设计的媒体很多

广告类
广告·传单·明信片·海报等

印象类
个人名片·门店名片·票据·信封·工作牌·便笺等

包装类
包装盒·纸袋·包装纸·塑料袋·背包等

宣传册类
简章·宣传手册·产品目录·菜单等

根据"对方的想法"选择适当的媒介

设计出能实现客户"想法"的作品

听取"有什么想法吗？以后想做什么呢？为什么想做？怎么做？"等想法。

剧场演出的宣传册、体现医院特征的简介、为活动增加人气的宣传单或海报等。根据不同"主题"选择合适的媒体。

要点
对方"想做什么"中的"什么"至关重要，根据主题构思合适的场景，再选出最贴切的一个场景用来设计。

制定"印象深刻的目标"

终于到了开始着手设计的阶段了。客户与设计师，双方将协商出一个彼此满意的"目标"。可问题是目标是什么？

Action!

设想作品成形的样子

简而言之就是定好"目标"

■ 在倾听对方想法，并决定好作品"面向什么群体，设计什么风格（比如 LOGO 或名片）"之后，接下来该做什么呢？首先需要提醒的地方就是定好"直观的目标"。当把设计好的作品给第三者看的时候，对方的直观感受用一句话概括

会是什么呢？

■ 感觉很酷很帅气、感觉毛茸茸的好可爱、感觉很自然很亲切、感觉很激情澎湃等。可见，这"一语中的"至关重要。要是作品呈现出来的直观印象过于杂乱，则会直接影响设计师设计出好作品。

■ 为了让观众在看完作品后能印象深刻，我们在设计作品时要注意简洁，要定好"目标"。

设计好的作品人们看到后的直观感受是

很酷很帅气　毛茸茸的好可爱　很自然很亲切　激情且澎湃

……之类的感觉

指！目标

GOAL

决定好设计的目标

05 构思作品概念

当决定好设计的目标后，就开始构思概念了。这是设计环节中最为重要的部分。我们先来看一个概念构思的具体例子吧。

写出关键词

在纸上写出关键词

■ 这里需要整理一下设计作品的主题（比如目的、目标、特点、相关信息等）。把能想到的关键词尽量多地写在纸上，这样有助于激发灵感。下面的插图是咖啡店的设计例子。有直奔主题的"自然"、主色调的"绿色"，以及场景中顾客们的"笑容"。

■ 要点有二。首先"在纸上"→这是为了更方便客观地观察。其次"写出关键词"→这是为了发挥出高于平常的思考力。通常差不多写 15 分钟，纸上就会写满字了！不妨先试着写出关键词吧，"我思故我写"。

设计思路的整理

设计的目的	朋友委托的咖啡厅海报	
设计的目标	要给人一种自然亲切的感觉	
咖啡店的特点	地点在自由之丘，阳光明媚	
其他信息	主要面向 20 多岁的年轻女性	

↓

设计海报前的关键词笔记

自然	绿	沐浴阳光
舒适	健康	树木
优越感	自然	草原
时尚	清风	爽快
太阳	树下阳光	笑容

等等

决定好概念

整合关键词，统一"概念"

■ 在写出关键词后，筛选出两三个"就是这个！"的关键词，并在上面标上圆圈，把关键词整合成一个词语。最后整合出来的词语就是作品的概念。这里说的概念，也可以理解为短语、主题、构想等。

■ 在众多的关键词中筛选出代表性的概念词语，是设计的重要部分。在设计中途，要是感觉到茫然，不妨试着把概念词喊出来。

■ 这个例子中有提到"阳光明媚"，于是我们就得去思考"阳光明媚的地方会是怎样的地方"。一个优秀的设计，源于一个优秀的概念。

> **创意参考书**
>
> 《创意的方法》
> 杰姆斯·W.扬（著）
>
> 《考具——思考的道具，你拥有吗！》
> 加藤昌治（著）
>
> 构思创意推荐阅读这两本书。不过创意和灵感有千万，除了上述书籍外，建议大家平时也要勇于创新。

设计

优秀的设计，源于优秀的概念

概念

关键词

> **要点**
>
> 关键词和概念词。设计者自身词汇量越大能想出的词汇就越多，所以经常看书的人在构思词语时会很有优势！

06 探索方案

既然决定好了方向，我们立即开工！没错，说的就是你！磨刀不误砍柴工！为了让设计更完美，你探索方案了吗？

Action!
观察周围

多参考些主题类似的优秀设计作品

■ 决定设计的目标、概念之后，想必你已经隐约知道该怎么做了吧。不过，先别急着画草图，先探查一番吧。在自己创意的基础上，多参考一些优秀设计作品，让自己的目标和概念更清晰一点。

■ 试着多找找身边一些"这个不错""这种感觉挺像"的设计媒体。像百货店、书店之类的地方都是丰富的探索宝库。其他比如宣传单、宣传册、广告单、店面名片等也可以借来看看。书籍、杂志等参考材料可以在二手书店里买到。另外，多参考些街上的时尚店面的设计也能激发灵感。

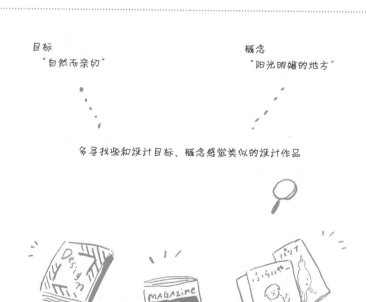

目标
"自然而亲切"

概念
"阳光明媚的地方"

多寻找些和设计目标、概念感觉类似的设计作品

设计类书籍

杂志、广告单

宣传单、宣传册

把注意到的要点记录下来

以设计者的视角，把注意到的要点记录下来

■ 收集相关的设计媒体了吗？那就赶紧看看吧。不过要注意不能再以走马观花的心态看资料了，而要以"设计者"的视角，充分调动设计师的脑细胞。当看到"原来这种表现手法，会有这样的感觉啊"时，记得用自己的话记下来。

■ 用曲线勾勒→柔和；用绿色和褐色配色→自然；用圆润字体→可爱；户外视野开阔的照片→清爽；占地宽阔的格局→优越感、舒适感；用手感好的纸张→温柔

■ "设计者视角"将是你在构思设计时的好伙伴。

大街小巷是探索设计方案的宝库。

千万别只依赖于网络搜索功能！自己亲身到人多的地方观察，往往能有意想不到的收获。试着先去街上的书店、商店等地方探索一下吧。

把探索过程中注意到的要点记录下来

形状　用曲线勾勒　　照片　户外视野开阔的照片

颜色　绿色和褐色配色　排版　占地宽阔的格局

文字　用圆润字体　　印刷　用手感好的纸张

要让人感受到"自然而亲切""阳光好明媚"的感觉！

啊，原来如此！

赶快记笔记

要点

千万别有"只收集设计资料就好"的想法。毕竟你不是要成为一名收藏家。要充分结合相关资料，设计出自己的创意。

绘制草图

绘制草图时不能随便画，要带着"目的"去画。"要让观众有哪种感受呢？表现出这种感受该怎么画呢？"

使用探索到的要点

差不多是这种构想，所以画了这种风格。

■ 绘制草图，是为了把语言上的设计目标、概念转化为"视觉效果"。下面的图片是"自然而亲切""阳光好明媚"的海报草图例子。

■ 灵活应用探索到的要点，把整体氛围和细节要素凝聚成形。当草图大致成形之后，不妨给身边的人看看，顺便向对方说："我差不多是这种构想，于是就画了这种风格。"参考一下对方的意见吧。

■ 与人交流，能起到冷静整理自己思路的作用。在主观与客观的交替过程中，往往能发现一些新的亮点，让自己的作品变得更好！

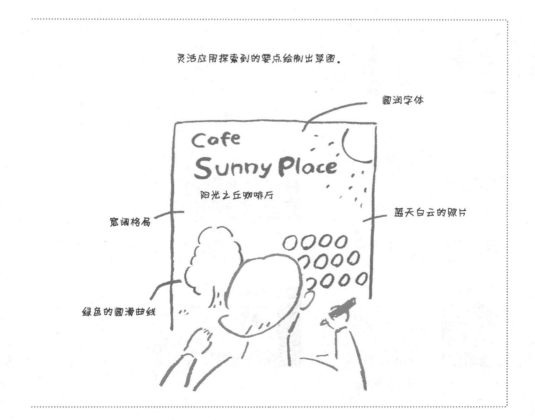

灵活应用探索到的要点绘制出草图。

圆润字体

Cafe
Sunny Place
阳光之丘咖啡厅

宽阔格局

蓝天白云的照片

绿色的圆滑曲线

准备相关素材

为了完成设计作品，需要准备相关素材，就像做出美味料理需要食材一样，可见素材很重要。

Action!

收集素材

收集素材是制作草图的前提

■ 当画出大致草图，设计有了整体方向之后，就需要准备相关素材了。素材大致可以分为"图像素材"和"文字素材"两种。

■ "图像素材"是照片、插画、图片、LOGO、

图标等视觉元素，而"文字素材"则是短语、标题、正文、电话号码、网址等语言性元素。当这些设计需要的相关素材准备好后，就要开始进行排版了。

■ 可是，该怎么准备这些相关素材呢？方法大致有"提供""收集""制作"三种。需要注意的是，不管是哪种方法，都只是制作草图的前提而已。

让客户提供LOGO数据

2000.0.0开业
阳光之丘咖啡馆（Cafe Sunny Place）
东京都目黑区自由之丘
03-1234-5678
www.sunny-place.com

让客户提供店铺信息

能"收集"到的素材例子

书籍
《怎么利用素材集提升创意和设计技巧》

"图片素材网站　剪影设计网"
http://kage-design.com/

《素材辞典》
（株式会社DATE CRAFT）

"照片素材网站　足成"
http://www.ashinari.com/

每种素材的允许使用范围不同，使用素材前应当事先确认好使用范围。

准备素材的方法："提供"

■ 让客户提供素材。比如店主在开店前就有现成的店铺 LOGO 数据，就该直接拿过来用。

准备素材的方法："收集"

■ 通过各种途径寻找现成的素材。就是寻找一些设计主题和感觉相近的图片、插画等素材。这种方法不适合于一些独创性高的设计，但在追求速度和节省成本的场合将最为便利。

准备素材的方法："制作"

■ 在需要注重原创要素的场合，或是用现成素材满足不了设计需求的场合，就只能自己动手创作了。此外，也可以委托插画师、摄影师或写手等专业人士制作相关素材。

利用外包服务

当文字素材需要外包或翻译，自己身边又没有合适的写手时，该怎么办呢？这种时候利用云端服务也不失为一种办法。

云端服务"NexGate"
http://www.nexgate.jp

翻译服务"速翻网（Spring Hill）"
http://www.sh-honyaku.jp/

制作咖啡厅 LOGO

Cafe
Sunny Place

（阳光之丘咖啡馆）

画出太阳·树木·草原插画

拍摄蓝天的照片

咔嚓

插画师
Illustrator

摄影师
cameraman

可以委托插画师或摄影师帮忙。

撰写咖啡厅宣传文章。

阳光之丘咖啡馆将在自由之丘隆重开业，本店秉承着……

写手
writer

可以找写手帮忙。

调查咖啡厅的地址、电话号码、以及网址
东京都目黑区 自由之丘 0-0-0
03-1234-5678 www.sunny-p……

要点

俗话说专业设计师"在有限的预算和周期内做出最好的作品""无限预算不限周期，谁都是设计师"。

09 对素材进行排版

准备好素材后，要对素材进行排版。为了避免排版变成一种"流水作业"，我们先从设计师的角度来认识一下排版的本质吧。

Action!
有意识地排版

让目标、概念更加明确

■ 排版的目的是"让作品的目标、概念更加明

确"，要比草图更直观地体现出"自然而亲切""阳光明媚"的感觉。

■ 作为一个设计师，需要时刻提醒自己想表达什么，想让什么更加显眼，想用什么作为陪衬，以达到观众看了想亲身前往的效果。

素材多多益善，然后进行排版

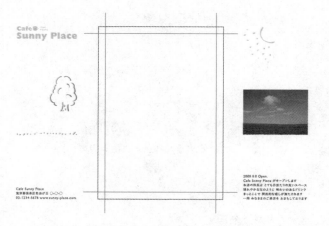 

在Illustrator软件工作区里面画出参考线，为素材位置做参考。然后把所需要的素材添加进去，先粗略地排版。

用 Illustrator 软件进行排版

■ Adobe Illustrator 这个软件是平面设计师常用的软件（当然其他软件也是可以）。根据草图，在 Illustrator 里新建一个原尺寸大小的画布（成品如果是 A4 大小就用 A4 画布）。

粗略排版、细致调整

■ 先对素材进行粗略的排版。→比如店面 LOGO 和树木插画最好大点、软文尺寸最好小一些，还有开店日期最好醒目一些等。

■ 画出参考线，对所需素材进行一个整体调整，让整体印象更为直观。每当调整之后，就试着打印一张出来。你会惊喜地发现，有些在屏幕里容易忽略、需要改善的点，在纸上会一览无余。然后接着对版面进行合理的调整搭配吧。

设计软件

Ai **Adobe Illustrator**
平面设计师常用的软件。用于绘制局部地图及宣传单页面排版。

Id **Adobe InDesign**
书籍、杂志类的排版软件。排版功能强大，和Illustrator、Photoshop互动性良好。

Ps **Adobe Photoshop**
处理照片、调整色调的软件。可以调整版面中照片的尺寸、清晰度及色调。

合理搭配素材

先粗略排版

Cafe SunnyPlace

目标〝自然而亲切〞

概念〝阳光明媚〞

合理搭配出这些感觉

要点

这一节只是讲解排版的大致流程，具体用语详见第二章、第三章。

Action!

合理地调整

调整排版，提高完成度

■ 到这里，需要开始对版面进行调整了。调整时需要把握素材及素材之间的平衡度。粗略地排版谁都会，不过版面调整得好不好是专业和业余高下立判的关键。

检查层次、对比、空白处

■ "店面 LOGO 就用这种圆润效果吗？""树的颜色这样会不会太淡了？""太阳得多大呢？""软文字体该用哪种好呢？"这些问题都需要自己思考，因为这些没人能给你答案。

■ 作为一个设计师，需要养成一种独立思考、不断尝试、摸索答案的习惯。下面的图片是分别强调树木颜色、用于介绍的文字、太阳大小的例子，让我们来看一下印象有什么不同吧。

调整排版，让目标、概念更立体！

原本的排版

以树为主，突出自然的排版

以文章内容为主的排版

放大太阳，充满阳光印象的排版

具体该用哪种排版不能根据嗜好决定，而应该看哪种排版更能体现出宣传效果。至于哪种会更有效果，关键还得看哪种排版，会让目标、概念更立体！

感到迷茫时，回头看看目标、概念

■ 咦？印象是什么来着？当你感到迷茫时，不妨回头看看设计的目标、概念吧。是否有种更"自然亲切"、更"阳光"的灵感呢？

■ 为了做出最好的排版，别怕头疼，动动手，找出合适的答案吧。

时刻留意本质

咦？
话说，我这是要去哪来着？

设计做得久了，难免会疲惫、走神，不知不觉变得"为工作而工作"。

这种时候，不妨照照镜子，对自己呐喊一下，再对镜子里的自己问一句"你原先的目标是什么"吧。

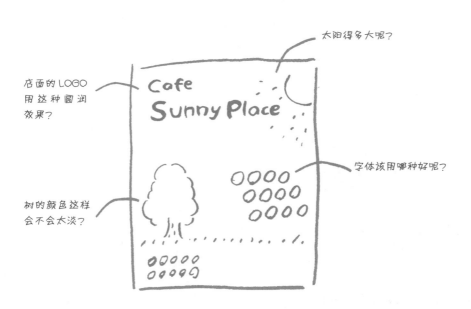

合理调整素材

太阳得多大呢？

店面的 LOGO 用这种圆润效果？

Cafe
Sunny Place

字体该用哪种好呢？

树的颜色这样会不会太淡？

目标"自然而亲切"

概念"阳光明媚"

合理调整出这些感觉

要点

以草图为基础，不断修改、调整排版，才能达到"目标、概念更清晰，作品印象更立体"的效果。

10 修改与调整

自己的作品，看着总感觉很外行……到底要怎样才能做出更好的设计作品呢？答案就是，反复修改与调整。

Action! 反复检查

不断重复修改、调整环节

■ 那么，知道该怎么做之后，该怎么提高作品质量呢？答案就是尽可能地不断打印出来，然后

反复检查，进行修改与调整。

■ 检查打印图时，画出需要改善的地方。→然后在 Illustrator 上进行修改。→再打印出来，再画出改善点。→回到 Illustrator 上进行修改。→再打印出来……循环往复。

思考"让作品变得更好的方法"，并实现出来

Cafe Jiyu-Gaoka Sunny Place → **Cafe Jiyu-Gaoka Sunny Place**

确认、调整色调

阳光明媚的空间
日当たりの良いスペース → 阳光明媚的空间
日 当 た り の 良 い ス ペ ー ス

确认、调整字体间距

2000.0.0 开业
2000.0.0 Open. → 2000.0.0 开业
2000.0.0 Open.

调整字体边框

03-1234-5678 → **03-1234-5678**

确认、调整字体

LOGO鲜明点比较醒目呢；字体间距大一点更有"感觉"呢；采用带边框的字体吧；为了格调一致，改用西文字体吧，等等。思考如何让作品变得更好的方法，并实现出来。

改善具体细节的例子

■ 跟天空的背景照片比起来，LOGO 色调偏淡，调整得鲜明一些吧；"阳光明媚"的字体间距调宽，更有感觉；开店日期的文字改用带边框的字体吧；为了跟 LOGO 看起来一致，电话号码改用西文字体，等等。

总之，就是不断尝试

■ 当调整了一个点之后，下一个需要改善的点也会自然而然地浮现出来。人总是在不断发现新东西，说来也很不可思议呢。正因如此，我们才需要不断尝试、调整细节，并不断俯瞰全局。

"纸" 比显示器更容易看出细节

纸
反射光

显示器
发射光

与在显示器上直接看起来比起来，打印出来的纸张，更容易看出一些细节。因为与发射光（显示器）比起来，反射光（纸张反射的光）更容易被大脑所感知。所以，打印出来很重要！

导出！打印！

反复打印！
不断检查。

咔喀咔喀

嘶嘶嘶……

要点

检查、确认用的打印机，最好选择横幅较大的"A3机型"。为了早日提高设计水平，一定要多多打印，千万不能心疼打印机墨水费！

与专业设计作品做对比

提高设计水平的窍门就是"多看，多借鉴"

■ 提高设计水平的窍门，那就是"多看一些优秀作品，然后自己借鉴着做一遍"。

■ 人脑当输入和输出的比率为1：1时才算成长。说得极端一点，当看到一张海报后，只有自己也能做出一张海报时，才算学会。

多看些设计相关书籍及杂志

■ 设计类书籍的一个好处就是里面汇集了很多像"LOGO""商店商品"等的设计实例，各种种类、风格一应俱全。

■ 杂志等书籍里的排版就是成品的原尺寸，拿来对比自己作品的文字大小和空间格局很有用。

找些书籍·杂志的设计案例来对比一下吧

"总感觉自己的设计和专业设计师的设计还是有差距啊。"
从设计师的角度去对比，去找出差距，并试着去努力、去超越吧。

与专业设计作品做对比

■ 不管作品有没有完成，不妨拿些专业设计师的作品做对比吧。"我自己的作品和专业设计师的作品差距在哪？专业设计师会在什么地方下功夫呢？"

■ 用设计师的视角去对比，往往能发现一些细节上的地方。把那些察觉到的地方，融入自己的作品里去，然后再对比一下，看作品质量有没有提升。

与专业人士做对比

嗯——
原来如此。

借鉴具体细节改善的方法。

要点

让自己处于有比较对象的环境中，也就是对设计师成长得天独厚的环境，简而言之，就是去培训班也不失为一种方法。

11 提交设计稿件

感觉自己的作品符合设计理念和最终目标了！那就展示给客户看吧。
见证客户是否满意的时刻到了！

Action! 提交

作品达到自己认为完美的标准了吗？

■ 到了这一环节，就要把自己的作品展示给人看了，也可以称作提交。需要注意的是，作品是否达到了最初定好的设计理念和目标？在自己看来作品还不够完美的情况下千万别急着给客户。

■ 很好！那么，就印刷两份原尺寸大小的样品过去吧。为什么是两份？一份提交给客户，一份留着修改，记录客户提出的需要修改的地方。

决定提交时的目标

 该谈些什么？

 该获取什么意见呢？

提交稿件后，会"决定什么"，会"得到什么意见"，在设想了这些目标后，再去提交稿件吧。

提交（洽谈时）的注意事项

提交设计稿件

您觉得怎么样？

还行？

观察客户的表情获取客户需求，并回应客户。

客户脸上的表情就是作品成败的答案。作为设计师，根据客户的表情"分析出客户的需求"，也是尤为重要的技能。

获取意见并修改→再次提交→设计定稿。

■ 在提交前，先定好"今天提交时需要讨论什么，需要获取什么意见"。万事俱备后，就出门吧。希望客户能中意自己的作品，喜欢上自己的作品。

获取客户的意见，看客户是否满意的时刻

■ 这里需要注意的是，提交稿件是要聊"客户（打从心底）渴望的东西"。而不能只顾自己在一旁絮絮叨叨。另外，将作品提交给客户时，还需要注意客户的表情变化。是满意？还是不太满意？究竟是哪种表情呢？

■ 设计师在征求意见的时候，可以用"我是这么设想的，您觉得如何？"之类的"建议型"提问。身为设计师，绝不能说"那该怎么办呢？"之类没主见的话。

■ 在获取客户的建议后，通过调整自己思路，再次回复客户看客户是否满意。如此周而复始多交流，就一定能得出双方都满意的方案。好，就按这个方案设计吧！

"提交"的目的

提交稿件的目的并非把东西交给对方，而是"传达思想"的过程。为此需要构思最妥当的提交方案，并将之实现出来。

提高提交稿件时的交涉力，可以参考以下书籍。

《口才要领！》
（帕特利克·巴兰 著）

《史蒂夫·乔布斯惊人的演讲》
（卡麦英·伽罗 著）

提建议时设计师该注意的事

错误！"被动型"的提问！

设计师

那该怎么办呢？

（你是设计师你怎么还问我？）

客户

客户正因为"不知道该怎么办"，才会找设计师。

正确！"建议型"的提问！

设计师

我觉得这样挺不错的，您觉得如何？

简洁直观！不错！

！客户

把自己的想法凝聚成形，表达出来。只有"形象的想法"实现起来才简单！

要点

创造出让客户"敞开心扉谈话的气氛"尤为重要。你自己的提交材料和提问的方法，能让客户充分表达出看法吗？不妨站在对方的立场再思考一下吧。

12 确认设计稿件与印刷

设计师和客户双方都对设计作品感到满意之后，就需要印刷作品了。为此我们先来熟悉一下印刷流程。印刷需要在设计师的主导之下进行。

Action!
收尾工作

确认设计稿件到提交的流程

■ 根据工作性质不同，确认设计稿件到交货的流程也不尽相同。不过，不管工作性质如何，最终都是在设计师的主导之下进行印刷的。

■ 1. 设计师向客户提交稿件。→ 2. 经过客户确认。→ 3. 设计师修改·调整。（返回步骤2）→ 4. 设计定稿。→ 5. 测试印刷出样品。→ 6. 设计师、客户确认印刷样品。→ 7. 样品若无问题，则开始所需数量的多份印刷。→ 8. 正式印刷完成后，到指定地点把成品交给客户。

从确认设计稿件到印刷、交货的流程

客户

提交、修改稿件
确认、定稿

设计师 —定稿→ 印刷公司 —校对印刷→

客户
确认样品、印刷成品

当客户确认"可以了"之后，设计师把设计稿件拿去印刷。
在确认测试印刷的样品没问题后，开始根据需求印刷出相应数量，并把成品交给客户。

■ 根据预算和交货周期不同，有时候也会直接测试印刷出多份，或是不经过测试印刷直接正式印刷的例子也有。在综合客户的需求后，设计师自己根据实际情况判断是否需要测试印刷。

提高设计作品质感的纸张类型及加工方式

■ 设计作品定稿之后，流程就是把 Illustrator 的数据文件交给印刷公司→印刷→交给客户，这种把作品固定成形，再交给客户的流程也是设计的一个环节。印刷时，一定要把印刷规格，比如"尺寸、纸张类型、加工方式"跟印刷公司交代清楚。尺寸就是设计作品本身的大小，比如 A4 尺寸。

■ 规格决定好后就开始印刷了。印刷前一定要仔细确认好文件，然后提交、印刷、交货、皆大欢喜！

每家印刷公司各有各的特点！

现在有很多印刷公司支持在线下单，还会标榜着"低价高速""好印又好玩"等。每家印刷公司所擅长的印刷技术不一样，而且有些甚至还会免费邮寄印刷样品，所以平时一定别忘了多留意相关印刷公司的网页。

"平媒 在线印刷"
http://www.graphic.jp/

http://www.kawachiya-print.jp/

合理印刷设计作品

Cafe
Sunny Place

能不能把 LOGO 处理成在日光照射下闪耀的感觉呢？

纸张选用手感好一点的会比较好吧？

概念　　　　　目标
"阳光明媚"　　"自然亲切"

思考用哪种纸、加工方式才能体现主题。

要点

根据印刷经费，选择最贴切设计主题与概念的纸张及加工方式吧。这些知识可以在平时通过多参考实例样品积累。

13

在实践中反复练习，提升设计水平

"创作用于展示的作品"中展示的对象不仅是客户，而是应该向观众展示自己的作品，并感受观众的反应，不断循环往复。

踊跃展示、引人瞩目

让更多的人看到自己的作品

■ 印刷、交货结束后，为了进一步提升设计水平，试着把作品发布出去。哎呀，太丢人了。千万别这么想，设计作品本身就是给人看的东西。踊跃地向更多的人展示自己的作品，是提升设计水平的必要前提。

■ 发布途径多种多样。向朋友展示、在网上发布或在朋友圈里发布都可以，也可以在展会或活动现场展示。试着让更多的人看到作品，多听听观众们的感想和意见吧。

■ 然后，把观众"这里的表现手法真是太好了；这里这样修改会更好呢"的意见记下来，接着再次回首制作环节，把这些改进点应用到下一个设计作品里吧。

把自己的作品发布出去吧！

"设计投稿网loftwork.com"
http://www.loftwork.com/

"艺术创意网DESIGN FESTA"
http://designfesta.com/

把自己的作品展示给更多的人，吸取需要改进的地方，并在下一个设计作品中进行改善。

发布作品

这个是我做的

嘿——

有什么新作品记得给朋友看看。

在 SNS 等网站发布作品。

多展示！
多听取！

在展会或活动现场展出作品。

总结别人的感想和意见，并在接下来的设计作品中进行改进。

在实践中不断设计

设计就是"创作→展示→领会……"循环往复！

■ 我们来总结一下。"听取客户的需求，思考设计作品该怎么制作→设想作品成品将给人一种怎样的印象→写出关键词、定好主题→搜索素材，绘制草图→列出作品所需要的所有图片、文字素材→搜集素材并根据作品的目标主题进行排版→反复打印进行检查并与专业设计师作品进行比较、调整→根据客户的需求进行最终修改并提交客户确认→选择用于提升作品质感的纸张及加工方式并印刷→成品交货后多展示给别人看，并吸取意见改进接下来的设计。"

■ 这种"用于展示的设计"只有在实践中不断"制作→展示→领会……"不厌其烦地循环往复才能提高设计水平。最后，你会发现不知不觉间，你已经是一名设计师了。

"发布信息"也是设计

"每当有人问我：'什么是信息呢？'我都会说：'信息是动员人们的契机。''信息是驱动人们的汽油。'而在信息之前，有个很大的前提就是行动与变化。"

摘自《信息呼吸法（灵感之源）》
（津田大介 著）

发布信息，也可以理解为"为自己接下来的设计奠基的设计。"

"用于展示的实践设计"流程总结起来为

1. 聆听
2. 搜索
3. 确定概念方案
4. 制作草图
5. 开始设计
6. 修改、调整
7. 提交
8. 确认设计稿件
9. 设计定稿
10. 印刷、交货

不止 5 中的"开始设计"是设计，整个流程都是设计环节。所谓设计，是由多重紧密的环节构成的。

制作
在实践中不断提高设计水平
展示　领会
哦——

要点

"持续"对设计师来说也是一种设计。持续是一种很好的动力，正因这种"在实践中不懈不弃、持之以恒"的精神，才能成为风格亲民、品味卓越的设计师！

思考自己想成为哪种类型的设计师？

○明确目标

自己希望成为怎样的"设计师"呢？要实现这个目标就需要明确的意识和词语了。首先需要思考自己"想设计什么"，其次就是确定"属于自己的概念"。

请按照右边的顺序，构想出自己心目中"理想的设计师"形象吧。一开始别急着创作作品，先找到目标和答案，迈出"成为设计师"的第一步。

用确切的词语表达出设计理念。

○成为理想的设计师

要成为"理想的设计师"，只是会用 illustrator 和 Photoshop，然后随便找家设计公司工作是远远不够的。首先需要掌握"创作"所需的基本技能，然后该如何"为人处世"，就需要在实践中心领神会了。

要同时达成这两个目标，最好先提高自己的设计能力。只要成品做得比谁都多，经验积累得比谁都丰富，那么你自然而然就成了一个设计师了！

思考实现理想的方法并不断尝试。

说到"理想的设计师"，相信本书读者心中都有一个属于自己的"设计理想"吧。那么，究竟什么是"理想的设计师"，自己又该如何做呢？

● 请把下列 5 项问题的答案写在纸上，要求写出具体的词语。

1. 你为什么想成为设计师呢？

例：我原本就喜欢设计，想从事设计类的工作。

2. 具体想成为哪方面的设计师呢？

例：想为商店或品牌打造 LOGO，帮他们把理想汇聚成形。

3. 最符合你理想的知名人物是？

例：Cozzak 前田，"很有人情味"。

4. 请写出你的特长（关键词）。

例：人、笑容、乐观向上、合作、执行力、手。

5. 把 4 项的关键词汇聚成一个短语。

例："设计人与人之间的协作"＝自己的设计理念。

把5项答案的词汇整合出来之后，请到下一步。

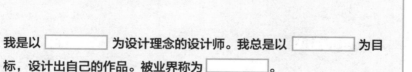

● 假设你成为"理想的设计师"，会怎么填写下面的空格。

我是以 ☐ 为设计理念的设计师。我总是以 ☐ 为目标，设计出自己的作品。被业界称为 ☐ 。

例，我是以"人与人"为设计理念的设计师。我总是以"融入自己的激情设计LOGO"为目标，设计出自己的作品。被业界称为"设计界的Cozzak前田"。

思考"进学校→公司→独立"

现在来简单介绍一下"成为专业设计师"的流程。规律无非就是"进学校、毕业进公司就职，然后跳槽1～2家之后出去独立设计。"下面几种途径仅是作者的认知，人生道路不止一条，有时需要放宽视野，有时需要靠直觉选择。让我们一起来选择一条适合自己的人生道路吧。

○ 美术大学 / 职业学校

学校

区别大致在于"A. 美术大学：需要入学考试，然后就读4年""B. 职业学校：不需要入学考试，就读2年"。美术大学入学前需要考美术，大多数人在入学前就已经具备一定的美术基础。职业学校只需就读2年，周期较短，适合希望尽快就职的人群。

○ 设计公司 / 广告公司

公司

大约可分为"A. 平面媒体设计公司"和"B. 广告制作公司"两种。这两种有什么区别呢？"A. 多是创作：LOGO、名片、海报、宣传册、CD封面等""B. 多是创意：广告媒体、网页宣传、新闻广告等"。A类里面专业人士较多，B类里面业内人士较多。需要根据知名媒体和知名制作人的具体性质进行判断。

○ 独立 / 公司内独立

独立制作人

独立设计也分为两种。"A. 白手起家、创业""B. 在公司内独立"。当然，就职与独立并不意味着就是设计师。上一页说过"理想的设计师"应该具备目标，选择最适合自己工作的环境，才是独立的理想状态。如果公司具备这种环境，在公司内独立自然是再好不过的了。

忧心忡忡却能乐在其中，不断实践却未能成功的人，作者还前所未见。所以别烦恼别犹豫了，先迈出第一步，多做、多看、多领会，不厌其烦循环往复，那么你终将成为"设计师"。"坚持不懈"是必胜的法宝，"坚持"达到目的，那么目的就一定能达到。

第二章
设计方法的基础知识

首先需要知道的重要地方

说起来，为什么人们需要设计呢？是觉得设计看起来很帅气吗？身为设计师，首先需要认清什么是目的、效果。

Action!

认清目的、效果

认清目的、效果

■ 不管是当你想宣传自己创立的品牌、帮餐饮店设计店面装修或是其他，总是怀有想让更多的人知道、提高营业利润的目的。人们在做某件事的时候，总是具有目的性的。

■ 所谓设计，可以理解为一种"把目的凝聚成形"的能力。换言之，就是"实现人们目的的能力"。这就是设计的本质。

设计效果是什么呢？
明确目的、实现目标。

■ 比如一家新开业的咖啡店列出了设计目的，

设计，即"把目的凝聚成形"

设计实现了咖啡店的目的！（达成目标！）

=

增加新客户！

聆听客户的需求，把目的凝聚成形，设计出最好的作品吧。

设计效果是什么？明确目的、实现目标

1 实现理念及认知方向的共享

客户

设计的效果！

2 提高积极性

3 吸收客流量

顾客

4 顾客之间产生分享意识

设计能够促进良性循环，最终把目的凝聚成形。

搭建客户与顾客之间的良性循环！

其中首要目的为：增加新顾客。为了达到这个目的，应该满足以下 3 点。

·街上的人看到宣传之后会有"想去"的想法。
·进了店的顾客会有"下次再来"的想法。
·出了店的顾客会有"分享给朋友吧"的想法。

■ 当融入设计成分之后，人们看了会产生"想去、下次再来、分享给朋友吧"的想法，自然而然地，顾客、回头客就增加了。这就是说明有明显的设计效果了。

什么是优秀的设计？
设计时又该注意什么呢？

■ 这里还是以咖啡店为例进行说明吧。优秀的设计应该具备的条件为，人们看了设计作品之后，

咖啡店被人们所认识、所接受。要达到这个目的，需要具备以下 3 点。

·设计作品应当清楚传达出让人"认知"的信息。
·设计作品应该准确传递出想要传递的"印象"。
·设计作品应当有效宣传出咖啡店的"特点"。

■ 当你在设计作品时，千万不能忘了以上 3 点。那么认知、印象、特点该着重于哪一点呢？这要视目的而定。作为一名设计师，只有明确目的，才能设计出最合适的作品。

■ 本章将介绍设计的具体方法。不过在此之前，我们需要先来熟悉一些设计的专有名词。

什么是优秀的设计？设计时需要注意的地方

优秀的设计！

‖

视觉上的冲击！

认知
想传达的信息

印象
想传递的印象

特点
最大的特点

要点

先泼一盆冷水，千万不要过度拘泥于目的，因为那样会限制你自由想象的空间。设计必须在目的与自由之间往来穿梭！

认知、印象、特点该着重于哪点，根据所用媒体的不同比重会有一定差异。

02

设计元素及其名词

设计元素和专有名词并不需要刻意去记。在设计的实践过程中，
逐渐记住即可。

先来记住些元素吧

为什么要记住呢?

■ 设计有必要记那么多名词吗? 我自己就
算不知道某些名词，只要自己能够领悟、能
够排版就好。

单页设计作品构成元素

单页设计作品需要着重选择"需要优先展示的元素"。

■ 千万不要这么想！记住名词是与人顺利交流的必备前提。不管是和其他设计师合作，还是给客户确认作品，只有掌握了名词才能顺利表达出意思、避免引起误会。

■ 不过，名词没必要刻意去记。光记住名词不代表设计就能变得更好，只要在实践中慢慢记住就行了。

设计用语：单页、多页

■ 所谓"单页"，就是指成品只需印刷一张的作品。像海报、传单、贴纸等都是属于"单页"范畴。这种单页的作品设计风格讲究"一目了然，直观感受"。

■ 而"多页"，指的是需要印刷成册的作品。比如杂志、书籍、宣传册等都是属于"多页"范畴。翻开页面后，左右互相对称的两页为"联页"。多页作品旨在方便阅读，需要考虑读者读完作品后的感想，所以设计时最好融入一定的剧情。

多页设计作品构成元素

多页设计作品需要"强调印象、统一风格"。
页面下面的数字通常称为"页码"。

要点

新手记住"方向盘"和"后视镜"这些名词，不代表立刻就会开车。同样，记住名词也不代表会做设计。不过，记住名词有利无害。

设计尺寸须知

根据目的、选择尺寸

■ 纸张有规定的工业规格。平面设计多选择 A 开或 B 开大小的纸张。尺寸规格繁多，根据设计的目的，选择合适的尺寸尤为重要。

■ 比如外面街上随处可见的方便携带的宣传单，为了方便大家放到包里，尺寸会相对比较小巧。而学校公告栏上粘贴的海报，为了在远处也能看得清楚，尺寸就会相对比较大点。

■ 总之，就是看用途是要拿在手上看，还是为了方便在远处看。设计时，需要考虑实际用途，选择合适的大小。

"设计尺寸" A 开、B 开规格一览

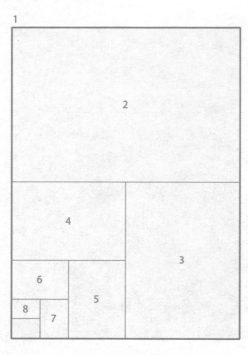

A 开尺寸（毫米）		B 开尺寸（毫米）	
A 1	594 × 841	B 1	728 × 1030
A 2	420 × 594	B 2	515 × 728
A 3	297 × 420	B 3	364 × 515
A 4	210 × 297	B 4	257 × 364
A 5	148 × 210	B 5	182 × 257
A 6	105 × 148	B 6	128 × 182

将A开、B开尺寸对半切之后，就能得到下一号规格了。

海报多选用A1、B1尺寸；宣传单多选用A4、B5尺寸；明信片等多选用A6尺寸。根据所用媒体，选择合适的尺寸吧。

注意设计文件的规格

■ 注意设计文件的完整性，保证交到客户手里的文件不会出错。保证文件规格也是设计中的一个重要环节。

■ 那么应该注意哪些呢？比如印刷时，CMYK4格式中的专色会印刷不出来。另外，版面裁切时需要用到十字线，没有十字线，则无法正常印刷，这点一定要记住。

■ 裁切线边缘往往还要延伸出3毫米的"出血"空间。例如，为 A4 规格整张涂上底色时，设计文件需要在 A4 的 210 毫米 ×297 毫米的上下左右各扩展出 3 毫米，也就是 216 毫米 ×303 毫米。作品做完不要急着拿去印刷，先在自己家打印一份出来看看吧！

十字线、出血线、裁切线

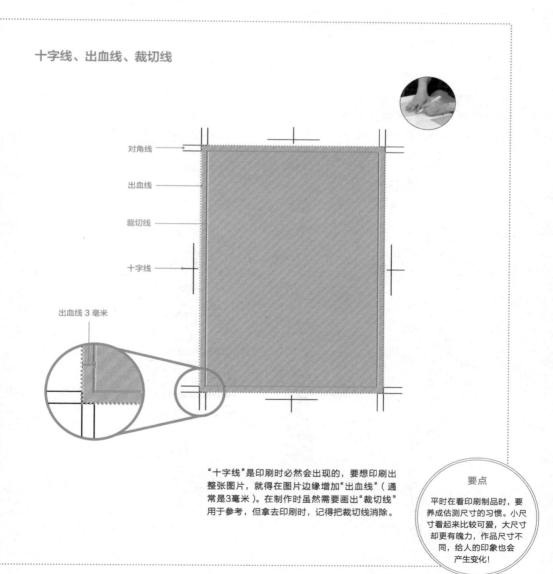

对角线

出血线

裁切线

十字线

出血线 3 毫米

"十字线"是印刷时必然会出现的，要想印刷出整张图片，就得在图片边缘增加"出血线"（通常是3毫米）。在制作时虽然需要画出"裁切线"用于参考，但拿去印刷时，记得把裁切线消除。

要点

平时在看印刷制品时，要养成估测尺寸的习惯。小尺寸看起来比较可爱，大尺寸却更有魄力，作品尺寸不同，给人的印象也会产生变化！

设计用语须知

■ 设计的行业用于很多……这里只列举一些之后章节会用到的基础用语。

DTP

■ 也就是"Desk Top Publishing"的缩写。指的是"在电脑上排版、制作到印刷的整个系统流程"。在自己电脑上对需要印刷的作品进行排版，然后把完成的文件拿到印刷公司印刷，或用自家的打印机印刷也可以。

元素

■ 指纸面中的各个具体对象。例如"照片、图片、插画、文本"等，拆分开来都可以称之为"元素"。

分割线

■ 分割线具有"区分、强调、引导"的功效。设计时为了加强印象经常会用到分割线。

可视性、可读性

■ 形状容不容易被人辨认的程度成为"可视性"，文章阅读起来困不困难称为"可读性"。比如，把背景色和文字的色彩和明暗加以区分，也就是提高对比度之后，就能大大提高可视性和可读性了。除颜色之外，图片大小和字体都会影响视觉效果。

格局比例

■ 指纸面中最大的图片和最小图片的"面积比率"。格局比例越高给人感觉越激情，比例越小给人印象越平和。

DTP

印刷品

↑

打印机
或印刷机

↑

电脑

在电脑上制作到印刷的设计流程。

元素

文本

照片

插画

设计作品中的所有东西可以细分为元素。

分割线、对比度、空白处

分割线

对比度

空白处

分割区域、提高对比、简洁精练……综合构成设计作品。

空白处

■ 指设计师有意图地调整元素位置，腾出来的"空白区域"。"空白区域"能给人一种"很简洁"的感觉。

对比度

■ 指"视觉上的对比度"。比如大小、明暗、长短等。元素之间的"对比度"越高，越能给人"强有力"的感觉。

角版、裁切

■ "角版"指照片按四边形布局的排版。"裁切"指专门切出一块区域，着重"强调特定区域"的一种手法。

抠图

■ 沿着人物或物体的轮廓把对象提取出来的照片。把商品、人物单独提取出来能给人一种优越、自由的感觉。

清晰度

■ 照片数据（图片文件）是由一个个细小的像素组成的，每一个点称之为"像素"。每英寸内有多少点的密度称之为"清晰度"，清晰度的单位为"ppi（pixel per inch）"。照片冲印的时候原则上要求的尺寸是 350ppi。

可视性、可读性

根据具体场景，调整最合适的可视性、可读性吧。

格局比例

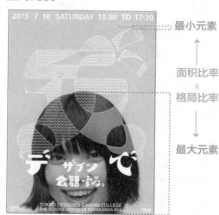

······ 最小元素

面积比率
=
格局比率

最大元素

注重格局充满魄力的排版。

抠图、角版、特写

抠图　　　　　　角版、裁切
"抠图"有自由感、"角版"相对密集。

清晰度　72ppi

"72ppi"多用于在网页、显示器浏览。"350ppi"则多用于印刷。

350ppi

要点

下一页将介绍设计的基础方法。阅读时希望想起之前提过的内容。

排版方法① # 打组

设计将概念凝聚成形必须用到"排版"。排版方法多种多样，这里就以名片设计为例，介绍一下"打组"的方法。

Action!
名片的排版

好的名片，该怎么排版呢？

■ 请大家看下图的"名片排版①"。上面已经写好了完整的信息，但是，你看完是否有一种一目了然的感觉呢？

■ 为了改善这个问题，首先需要知道简洁直观的排版有多重要。

■ 当人们看了名片后，首先会想到"A. 刚才递名片的人是谁？""B. 联系方式在哪？"可见这两点有多重要。能清楚表达出这两点的名片才能称之为"好名片"。

为相似的信息"打组"

■ 为了把信息整理得更简洁直观，需要为关系相似的元素进行打组。当把"名片排版①"按"A. 递名片的人是谁？""B. 联系方式在哪？"

ショップオーナー
浅野瑛太
Life Style Shop
TOMORROW'S DELUXE
东京都涉谷区代官山8-8-8
03-1234-5678

名片排版①

ショップオーナー
浅野瑛太
Life Style Shop
TOMORROW'S DELUXE
东京都涉谷区代官山8-8-8
03-1234-5678

名片排版②

A. 递名片的人是谁？ 　　B. 联系方式在哪？

**简洁直观的名片 =
以上两点一目了然的名片**

↓

A. 递名片的人是谁？
B. 联系方式在哪？

浅野瑛太
Life Style Shop
TOMORROW'S DELUXE
东京都涉谷区代官山8-8-8
03-1234-5678

↓

A. 递名片的人是谁？
B. 联系方式在哪？

浅野瑛太
强调！

TOMORROW'S DELUXE
强调！

进行分组后，会变成什么样呢？

■ "名片排版②"是把信息大致分成两组后的样式，来看看有什么区别吧。与①相比，是不是简洁直观了许多呢？

根据优先顺序，调整信息级别

■ 接下来，为了达到更简洁直观的效果，该怎么办呢？那就是在各个组内，选出"最希望优先传达的信息"，然后对其进行强调。

注意视觉的诱导意识

■ 我们来试想一下接到名片的场景吧。当你看到一张名片上的电话号码时→这人我认识？肯定是不认识吧。下面 1～4 的顺序是人的正常阅

读流程。因此，视觉也会跟着这个流程走。

■ 说到这里你应该知道怎么办了吧。没错，就是去诱导这种视觉意识。换言之，就是通过排版，让名片变得更简洁直观。

■ 视觉的意识首先会注意到"人名或者店名"。"名片排版③"是调整后的排版，与②相比，是不是觉得"浅野瑛太"和"TOMORROW'S DELUXE（奢华明日）"更大更粗更显眼了呢。

■ 这个例子虽然只是简单的名片例子，不过元素再多的复杂例子也基本都是按照这种思考方式进行的。接下来，我们再一起来看看菜单的排版例子吧。

1. 知道人名、店名
   ↓
2. 关注头衔、店面类型
   ↓
3. 想要联系时
   ↓
4. 才看地址、电话号码

要善于诱导视线意识

ショップオーナー

浅 野 瑛 太

Life Style Shop
TOMORRO W'S DELUXE

东京都涉谷区代官山8-8-8

03-1234-5678

名片排版③

菜单的排版

分享信息，赏心悦目

■ 我们先来看看"菜单排版①"，你是否觉得这菜单看起来很累人呢？纸面上一堆文字，看着眼睛就很累吧。眼睛为什么会累呢？让我们来思考一下原因，并改善一下试试吧。

■ 该例子最大的问题在于，"所有信息都集中在一块了"。也就是"丝毫没对信息进行分类"，所以看了眼睛才会累。

■ 那么，试着将"相似信息打组"一下吧。①中那些元素，哪些比较相似呢，大致分一下组就是"1. 套餐，2. 意大利面，3. 焗烤饭，4. 三明治，5. 饮料"五大类。

打组，活用空白区域

■ 我们再来看看"菜单排版②"吧，这是对五大类进行分组，并腾出"空白处"后的样子。奇怪？这么多信息量，是怎么腾出空白处的呢？

■ 其实很简单。只要把字体调得小一点就好。那样，自然而然就能腾出空白区域了。之后只需将空白区域划分给菜单之间的间隔区域就好。

■ 设计过程中，会经常调整排版让目标更显眼。但仅仅是调整字体大小，未必就能达到让"目标更显眼"的效果。看完①的例子后，你应该就已经明白了吧。

菜单排版①

Lunch Set AM11:00～PM2:00
すべてのランチにドリンクがつきます

Pasta
生ハムのカルボナーラ 880円
茄子のミートパスタ 880円
きのこの和風パスタ 880円
昔ながらのナポリタン 980円
奥深いペペロンチーノ 1,080円

Doria
ハヤシドリア 880円
ビーフドリア 980円
スパイシードリア 1,080円

Sandwich
ホットドック 680円
ミックスサンド 780円
アボガドサンド 880円

Drink 下記から1つお選びください
珈琲（ホット／アイス）
紅茶（ホット／アイス）
オレンジジュース

菜单排版①

菜单排版②

Lunch Set AM11:00～PM2:00
すべてのランチにドリンクがつきます

Pasta
生ハムのカルボナーラ 880円
茄子のミートパスタ 880円
きのこの和風パスタ 880円
昔ながらのナポリタン 980円
奥深いペペロンチーノ 1,080円

Doria
ハヤシドリア 880円
ビーフドリア 980円
スパイシードリア 1,080円

Sandwich
ホットドック 680円
ミックスサンド 780円
アボガドサンド 880円

Drink 下記から1つお選びください
珈琲（ホット／アイス）
紅茶（ホット／アイス）
オレンジジュース

菜单排版②

1. Lunch Set
午餐套餐

2. Pasta
意大利面

3. Doria
焗烤饭

4. Sandwich
三明治

5. Drink
饮料

对菜单的五大组划分出空白区域后，就变得简洁直观许多了。

午餐套餐	AM11:00 ～ PM2:00 套餐附赠饮料一份	香辣焗烤饭	1080日元
意大利面		三明治	
奶油培根意大利面	880日元	热狗	680日元
茄子肉酱意大利面	880日元	混合三明治	780日元
和风蘑菇意大利面	880日元	酪梨三明治	880日元
拿破仑意大利面980日元			
蒜香绿旋意大利面	1080日元	饮料类	只能选一份
		咖啡（热/冰）	
焗烤饭		红茶（热/冰）	
野味焗烤饭	880日元	橙汁	
牛肉焗烤饭	980日元		

图中字

■ 空白区域能让眼睛得到休息，避免眼疲劳，从而让信息牢牢记入脑中。打组并腾出空白区域，有利无害。

要怎样归纳，才能简洁直观呢

■ 你是否感觉这菜单应该还能更简洁直观点呢？试试"A. 对相似的组再次打组""B. 在组内再次进行分组"吧。现在让我们来看看分完组的例子③吧。

■ 既然"A. 对相似的组再次打组"，那"意大利面、焗烤饭、三明治"都算是午餐主食类；其次，也对组内的"种类／菜品名／价格"进行分组。

■ 需要注意，对不是同一类型的组，应该用分割线隔开，并把菜品名和价格分别左右对齐。

■ 总结起来，就是"划分空白区域、使用分割线、格式对齐"三点。打组的方法多种多样，具体该怎么打组，需要视实际的目的而定。比如"菜单的打组目的"就是"让顾客能一目了然地点菜"。

菜单排版③

1. Lunch Set
午餐套餐

2. Pasta
意大利面

3. Doria
焗烤饭

4. Sandwich
三明治

5. Drink
饮料

Pasta　意大利面

奶油培根意大利面　　　880日元

把"2.意大利面"菜单组分成"种类／菜品名／价格"，就是"组内分组"。

"意大利面、焗烤饭、三明治"都算是食物类，可以把这几个组进行打组。

菜单的目标在于
"简洁直观，一目了然"

要点

千万不能把排版当成目的，排版的目的是为了"让信息更直观"，一定要有目的地排版！

04

排版方法②

对齐

就像人们常说的"整齐、端庄"那样，"排列"也能给人一种整齐有序的感觉。"排列"可以通过用"有意图"的线条表现出来。

Action!

论文封面的排版

什么都居中，可不是设计师的风格

■ 你是否排版时习惯把什么都居中呢？让我们来看看"论文封面排版①"的例子吧，名副其实的居中排版呢。这种排版，能感受到设计师想表达的意图吗？

居中，真的具有内涵吗？

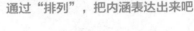

论文封面排版①

通过"排列"，把内涵表达出来吧

论文封面排版②

向左对齐，仿佛能看到"透明的线"吧。透明线具有"这份论文做得很用心！"的强烈含义。

■ 如果一味把"纸面上的信息一股脑往中间对齐"显然不会给人留下好印象。设计以及排版需要有设计师的明确意图。换言之，例①并不能称之为设计。

让排列变得更有含义

■ 变得有含义是什么意思呢？那是一种让看的人"希望能这么看"的意图。我们来看一个把文字素材往左对齐的"论文封面排版②"吧。是否能看到一条明显却又透明的线呢？

■ 这种"明显却又透明的线"，就是通过排列形成的视觉效果，是一种"希望能这么看"的意图。当你看到例子②的时候，是否感觉作者在说："这份论文我写得很用心，请务必阅读一下"的感觉呢？

"希望能这么看"的视觉效果

■ 我们再来看一下论文封面排版③吧。把日期、名字向右对齐之后，与②比起是否更有种"幅度"的感觉呢。②和③两个例子并不是说哪边更好，但是随便用哪个都不好。

■ 作为设计师，一定要时刻提醒自己表达出"希望能这么看"的效果。比如②能给人一种"论文写得很用心"的感觉，而③却能体现出一种"内容很充实，篇幅很长"的感觉。所以，有意识地排列，让作品更具视觉效果吧。

論文封面排版③

総合大学 卒業論文

日常における笑いについて

2020年1月10日
日常総合学科
若杉菜美子

総合大学 卒業論文

日常における笑いについて

2020年1月10日
日常総合学科
若杉菜美子

向左与向右对齐，左右元素间形成了幅度，能让论文更有篇幅感。

记事本的排版

你的排版，印象有统一吗？

■ 接下来我们来看看记事本排版①吧。这是一份西餐厅的记事本。当然，绝不是说居中的排版不好，但是，让人看不出有内涵，就不太好。

■ ①不太好的理由是"日光西餐厅"的LOGO

设计得那么亲切，笔记却只能写在粗线框内，难免给人一种被局限在特定空间内的压迫感。居中能给人一种霸道的感觉，但LOGO却是和蔼和亲的印象，因此算是败笔。

通过排列，制造印象空间吧

■ 在记事本排版②中，让纸面布满高密度的分割线，纸面上下则腾出了一些空间。这样，LOGO和地址栏周围就显得宽阔许多了。

窄迫的格局与亲切的LOGO匹配吗？

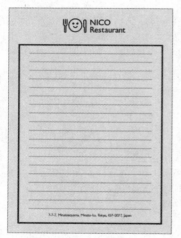

记事本排版①

宽阔的空间，尽显亲切感

记事本排版②

通过排版，让上下具有更多的空间。给人一种"舒适宜人的餐厅"的印象。

■ 换言之，这样的空间感能给人一种"舒适宜人（亲切）"的良好印象。

■ 记事本排版③是把所有元素都移到下面，形成很大书写空间的例子。在下面宽阔的空间中再用颜色调印上"Become a Smile（笑容常伴）"的标语，这样既腾出了空间，又宣传了餐厅文化，可谓一举两得。

排列，具有无限可能

■ 通过排列，不仅能形成"透明的线，表达出内涵"，又能生成"宽阔空间，创造好印象"。可见，一个好的排版，具有无限可能。

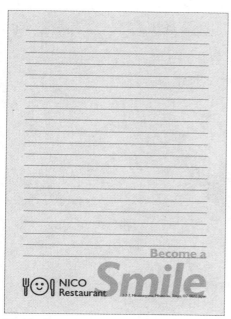

记事本排版③

活用排版形成的空间，宣传餐厅文化。

要点

请翻开手头上的杂志看一看，书中"对齐排版"无处不在。观察并揣摩一下设计师们的"意图和方法"吧。

对比也称为"对比度"。排版中的"对比"，指的是相同元素之间能明显看出的落差。让我们把纸面设计得更直观，让人有"想继续看！"的欲望吧。

Action! 简历的排版

活用对比，让人"想继续看！"

■ 让我们来看看简历排版①的例子吧。这份简历如果是一般人制作的或许还过得去。但如果是设计师做的，就未免难登大雅之堂了。为什么呢？因为不够直观。

■ 作品是否直观，是人在看了作品后"想不想继续看"的关键。可该怎样才能更直观呢？没错，就是提高"对比度"。

你的作品，让人想继续看吗？

简历排版①

嗯……

对不同内容，加以区别
这就是对比

简历排版②

小野乃理
東京都杉並区高円寺 8-11-8
03-3456-7890

小野乃理
東京都杉並区高円寺 8-11-8
03-3456-7890

"不同内容"都集中在一起了，对于"不同内容"，应该用"大小""字体粗细"加以区别，形成对比。

■ 例子①的问题在于，简历中人物姓名不够明显，类别和内容集中在一起，居中和左对齐混用等。总之，信息不够突出，从而，让人看不出这张简历重点想表达什么。

打组、排列，形成对比

■ 我们再来看看简历排版②吧。与①相比，明显直观许多了吧。方法在于：1. 统一向左排列。2. "名字与地址、类别与内容"加以区别并加入空白区域。3. 针对不同元素使用不同字体增加对比度。

■ 切记不可一开始就使用对比。像前面章节说过那样，先"打组、排列"之后再考虑"对比"吧。

增加对比的方法多种多样

■ 我们接着看看简历排版③吧。与②比起，加入分割线之后，信息不仅更清晰、更直观，而且还多了一些时尚感。

■ 啊！类别的字体从明朝体变成 Gothic 了！没错，不同文字内容，可以使用不同字体的。具体使用哪种自己亲身感觉吧。

■ 对比，可以通过调整比例大小、更改线条粗细、调节颜色浓淡等方法实现。在整理好书面内容和信息后，具体该怎么调整对比，还需要视情况而定。

简历排版③

粗细、字体、颜色、反色等都是对比的例子

趣味　ボクササイズ　　没有对比。

趣味　ボクササイズ　　同一明朝字体，但粗细不同。

趣味　ボクササイズ　　Gothic体和明朝体，字体不同。

趣味　ボクササイズ　　颜色不同。

趣味　ボクササイズ　　一边使用反色以提高对比度。

要点

所谓"字体"就是指文字的形体，本身也是一种设计。英语中"Font"虽然也是同样的意思，但"字体"除了形体，同时还包含了文字的颜色。

传单的排版

想好"最想优先传达的东西"

■ 下面的传单排版①姑且算是打组、排列过，不过你看了之后会有"想继续看"的感觉吗？怕是不太想吧，因为还不够直观。

■ 在使用对比之前，我们先来想一下这张传单最想优先传达的是什么呢？这次的例子应该以"宠物店、商店标语"为重点，让这些要素显眼才行。作为设计师，需要判断果断，做事利落。

尺寸、颜色、字体组合的对比

■ 再来对比一下传单排版②吧。版面变得更为直观之后，是否会更有"想继续看"的感觉呢？

■ 方法是，1. 在传单上下各打上粉色边框，把文字调成白色。2. 为了与店名尺寸保证一致，把狗狗的照片也调大了一些。3. 为了突显出宣传标语，就需要把文章的字体缩小。

■ 使用了反色对比之后，是不是醒目了许多呢？细心的人应该也注意到了标题和文章的颜色也不

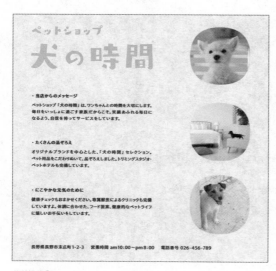

传单排版①

让人们看到这两部分！

先明确目的，再使用对比。

一样吧。这利用尺寸、颜色的组合是衬托对比的常用手法。

赏心悦目的排版好比初恋

■ 只要版面够有趣、够直观，就算是字体很小的文章也会让人有看的欲望。这是为什么呢？因为兴趣。

■ 试想一下你"喜欢的异性"，就算他/她不主动跟你说话，你也会想去了解对方吧。这又是为什么呢？因为你对对方有兴趣。所以，越能吸引人们注意的设计，人们就越会去仔细观看。

■ 相反，如果一个人喋喋不休只顾炫耀自己，这种人你会喜欢吗？把你认为是重点的信息表达出来，再用来引导下一个信息。当人们看了有种"我突然对他/她很有兴趣，要不试着去跟他/她说说话吧。"的感觉，那么他们已经"坠入爱河"了。

■ 打组、排列让人看着舒服，对比则能引起人的兴趣。排版的方法，或许还真跟恋爱一个道理呢。

传单排版②

为了比其他段落更显眼，调整字体粗度和颜色。

使用反色，结合狗狗的图片，让印象更为突出。

通过对比形成"直观感"，吸引人们的兴趣。
兴趣类似一段恋爱的开始

对喜欢的对象，人们会想了解对方的一举一动。"能吸引人们兴趣的设计"就能引起人们继续看的欲望。

设计实例介绍 01

MOTIF is an orchestra consisted of young artists living in Japan.

Orchestra

MOTIF

MOTIF is originally a French term which means "motivation", and we gave this name hoping that our activities would encourage someone and motivate them to take a new step. We sincerely believe the power of music.

Music is for sharing.

这是一张"交响乐团 MOTIF"的海报。其主题为"为快乐而奏"。特点是把文字框放在最下面，让海报空间内充满其他元素，并用旋转手法表达出了一种动感。

再介绍一个活用排版的设计实例。让我们一起来想一想哪边用到了"排版"吧。除了这个作品外，平时看到自己中意的印刷品时，也得养成观察的习惯。

这是由和服老店与银座越后屋共同策划的"锦秋衣裳展"宣传册。由于策划名称中所提到的"锦"，是由横竖经纬交织而成的，因此该作品也在视觉上反映了这一点。设计中的种种细节，往往都蕴藏着内涵。

设计交流角 01

○ 学习应当有的放矢

实践中为达到目标而学习

你是否以学习 Illustrator 或 Photoshop 为目的，而认为设计就应该在电脑上进行呢？软件和电脑终归不过只是设计的工具而已。

我们不该以学习软件为目的，而应该在设计过程中把"最终想做出这种东西"定为目标，然后为了实现这个目标而学习软件。有目的地使用软件才能做好设计。

千万不能被工具喧宾夺主。

○ 设计应当乐在其中

做得快乐才是最重要的

你设计时觉得快乐吗？还是觉得设计只是一份工作呢？设计师的感情将直接反映在作品上。让我们一起快乐地设计出好作品吧。"快乐"和"开心"是不一样的，比如爬山时登上山顶后那种激情澎湃的心情，才是"快乐"。

如果你现在设计觉得辛苦，那你就应该感到"快乐"。因为设计本来就不轻松。觉得累了就喊一喊能让自己快乐的口号吧，善于调节情绪也是设计的一个环节。

快乐溢于言表。

一个优秀的设计师需要的不仅是技术，而应当"心·技·体"兼备。心指毅力，技指技术，体则是体力。我们再来看一下与毅力有关的"姿态"吧。

○ 串联不相关的 A 和 B

串联，无限惊喜

把原本就相关的元素结合在一起，过于平淡无奇。因为那些可想而知，因而无趣。比如"蓝色的·天空""奔跑的小狗""甜的·草莓"等，相信人们看了之后只会说："喔。"

可如果我们把这些元素混搭一下呢？像"蓝色的·小狗""奔跑的·草莓""甜的·天空"这样，"什么情况？"看，人们的兴趣马上就来了吧？乍看之下毫无关系的 A 和 B，当把它们串联到一起的时候，往往能衍生出许多新奇的创意和想法。

猪肉干
这是猪肉干的包装设计，"猪"与"绅士"结合，衍生出"高贵的猪"。

"生活感"与"女仆"，"女仆"累得倒下。她到底是心累还是劳累呢？让人不禁想探究。这就是A和B。

颜色① **关于颜色的基础知识**

你配色时是否是随意混搭呢？设计需要讲究。至少当别人问你"为什么用这个颜色的时候"，你能给出明确的回复。

认识颜色

颜色是什么呢?

■ 我们都知道邮筒是红色的（日本的邮筒为红色），可为什么是红色呢？这是因为特定波长的光经过邮筒的反射后，反射出来的红色光线映入我们眼帘所致。

颜色的视觉过程

物体颜色

物体会反射出不同颜色的光线。

发光体的颜色

发光体的颜色可以直接看到。

光的三原色（相加混色）

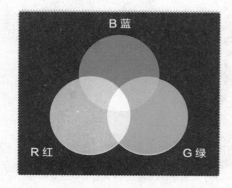

电视或显示器等通过叠加光的粒子成像。当三色均为100%时为白色。这种称为相加混色。

印刷三原色（相减混色）

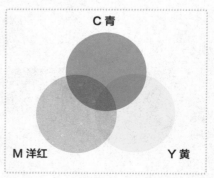

印刷品是采用墨水叠加印刷图像。当三色均为100%时为黑色。这种称为相减混色。

■ 有些光线能被我们直接感知。比如电脑显示器等从发光的物体反射出来的光线。

表现颜色，离不开三原色

■ 所有颜色都是由三种颜色混色构成。这三种颜色称为"三原色"。

■ 光源自身的颜色称为"光的三原色"。比如电视或显示器等就是用光的三种原色叠加混合成像。光的三原色为"红、绿、蓝（RGB）"，三种颜色通过调整各自的比例，可以组合出各种颜色。当三种基色均为100%时颜色为白色。

这种模式称为相加混色。

■ 对物体进行着色用到的颜色称为"印刷三原色"。印刷三原色由"青、洋红、黄（CMY）"构成。彩色印刷品均是通过这三种基色混合调出所需的颜色。当这三种基色均为100%时颜色为黑色。这种模式称为相减混色。

■ 不过，CMY混色中提到的黑色只是理论上的说法，实际上并不是完全黑色。因此在实际印刷中，也会混入黑色油墨（K），变成"CMYK模式"印刷。

色相 = 颜色

这是把色相值排成环状的"色环"。可以一目了然地找出所需要的配色、互补色（反色）、类似色等。

彩度 = 色彩的鲜艳程度

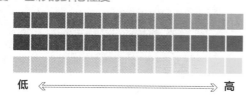

低 ⟵⟶ 高

彩度越高，颜色越鲜艳；彩度越低，颜色越显苍白。

明度 = 色差的亮度

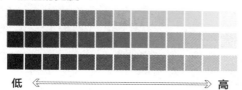

低 ⟵⟶ 高

明度越高越接近白色，明度越低越接近黑色。明度是通过白、黑调节的。

颜色=色相×彩度×明度

■ 颜色具有"色相、彩度、明度"三种属性。有了这些属性的数值不仅可以得到想要的颜色，也为向别人介绍配色理由时提供理论依据。所谓"配色"其实就是选择颜色。

色相 = 颜色

■ 色相就是红绿蓝三个范围内的颜色值。将色相按圆环状排列就能得到一个"色环"。在色环中，可以很直观地得到想要的颜色以及互补色、反色、类似色。

彩度 = 颜色的鲜艳程度

■ 彩度指的是颜色的鲜艳程度。彩度越高饱和度越高，越接近纯色。彩度越低，颜色越淡越灰暗。

明度 = 颜色的亮度

■ 明度就是颜色的亮度。明度越高越接近白色，明度越低越接近黑色。

颜色通道 = 彩度和明度的组合

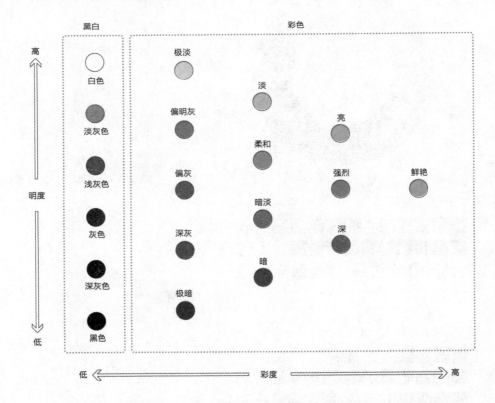

颜色通道是"渲染颜色浓淡的意思"。通道不同，同一色相给人的感觉也不同。左上角的"很淡的红色"和旁边的"淡红"以及左下角"黑红"和"褐红"感觉就不一样。

颜色通道 = 彩度和明度的组合

■ 什么是颜色通道呢？这是设计时经常会涉及的问题。比如红色，就有"淡红、黑红、鲜红、深红"等各种红。换言之，颜色通道就是渲染颜色浓淡的意思。

■ 左下角的颜色通道图片中，同一色相根据通道值不同，给人的感觉也不同。比如左上角的"很淡的红色"和旁边的"淡红"就不一样；左下角的"黑红"和旁边"褐红"也不一样。一种颜色可以渲染出不同的感觉，这就是通道。

有意识地配色，互补色（反色）、类似色

■ 互补色是色环中与某个特定颜色正好180度相反的颜色，也叫反色。比如红色的互补色是绿色。相近的互补色也能起到对比作用，当你有想重点强调的元素时，用互补色能显著吸引人们的眼球。

■ 类似色就是色环中与某个特定颜色相邻的颜色。这种配色用来表现柔和饱满的效果非常有效。

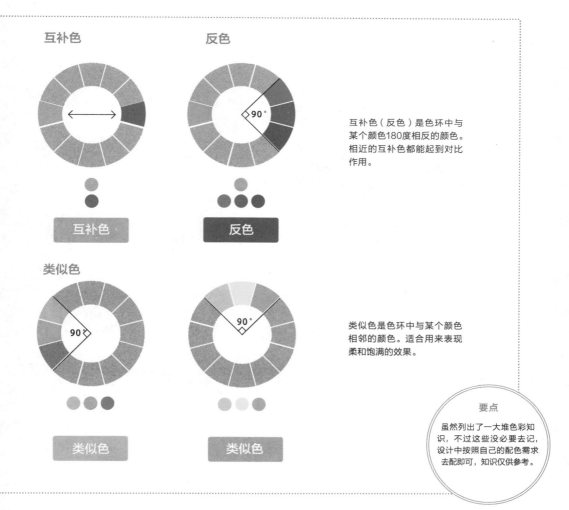

互补色（反色）是色环中与某个颜色180度相反的颜色。相近的互补色都能起到对比作用。

类似色是色环中与某个颜色相邻的颜色。适合用来表现柔和饱满的效果。

要点

虽然列出了一大堆色彩知识，不过这些没必要去记，设计中按照自己的配色需求去配即可，知识仅供参考。

07

颜色② **颜色的选择**

我们已经知道了颜色的基础知识。那么在实际应用中，颜色该怎么选择呢？让我们以设计师的视角来看待这个问题吧。

根据目的选择颜色

以 "认知" 为目的进行配色

■ 所谓"认知"，就是"能够被人们所感知"。比如下图的罐头。从左到右分别是"鹿肉大和煮（红）、味噌煮（橙）、咖喱煮（黄）"和"熊肉味噌煮（深褐色）"。不难看出，这些是根据口味配色的。

根据 "味道、口感" 的配色

"鹿肉、熊肉罐头"的包装设计。根据大和煮、味噌煮、咖喱煮口味，颜色不同。

再来试一下黑白效果起来是什么感觉吧。分不清是哪种口味了。颜色真神奇啊！

■ 首先，作为配色轴心是鹿肉味噌煮和咖喱煮。根据味道和口感以及肉质的鲜嫩程度，选用了橙色和黄色。其次，为了便于区分鹿肉和熊肉，以及商品在货架上的整体颜色平衡，分别选用了红色和深褐色。

■ 也就是说，图中罐装食品的设计，是在用颜色方便人们认知。"口味区别（＝色相）、口感鲜嫩程度（＝通道）"！

根据 "印象" 配色

■ 这里的"印象"指的是"让观众看了后具体会有哪种感觉"。我们用下面的三张印象图片，对配色理由进行说明。

■ 年近三十岁男性的商务身姿给人一种很酷的感觉。→俨然的"深蓝色"和"白色"形成鲜明对比。20多岁年轻女性的甜美印象。→可爱的"粉红色"和"浅褐色"混合搭配。体现小康家庭孩子的快乐时光。→耀眼的"黄色"和活泼的"橙色"组合。

■ 当你在设计作品的时候，也别忘了根据印象搭配相对应的颜色。希望通过配色，能让观众感受到你的意图和理由。

根据 "印象" 的配色

● C100 M90 Y50 K15　○ K0
面向群体：年近三十的男性
图片内容：商务姿态
表达什么：帅、酷

○ Y100　● M60 Y100
面向群体：小康家庭
图片内容：孩子
表达什么：快乐时光

○ M60 Y40　○ M5 Y10
面向群体：20多岁年轻女性
图片内容：甜美
表达什么：可爱

要点

设计由"认知"和"印象"构成。要时刻提醒自己不能过度拘泥于颜色，而应该看具体"面向什么群体"。

08

颜色③ **颜色给人的印象**

颜色的种类很多，但都有一个共同的特点。颜色能引起观众对特殊印象的感觉。现在就让我们来认识一下颜色的这种特性吧。

Action!

颜色具有印象特性

颜色能产生心理共鸣

■ 当我们看到色彩时，心理会相应地与之产生

共鸣。这点已经在科学上被证明了，很不可思议吧？

■ 比如红色象征活力，橙色象征着朝气，黄色象征阳光，紫色象征神秘，白色象征纯洁，灰色具有都市色彩，黑色则代表高贵和沉稳等。现在

看到这些颜色，你是否有这种感觉？

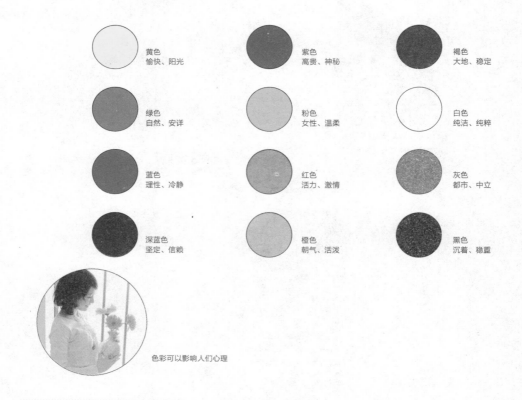

黄色
愉快、阳光

紫色
高贵、神秘

褐色
大地、稳定

绿色
自然、安详

粉色
女性、温柔

白色
纯洁、纯粹

蓝色
理性、冷静

红色
活力、激情

灰色
都市、中立

深蓝色
坚定、信赖

橙色
朝气、活泼

黑色
沉着、稳重

色彩可以影响人们心理

就让我们来看看这些颜色所具备的效果吧。

■ 色彩的印象性在 LOGO 和商标上体现得更为明显，更能激发人们的色彩心理。比如一家主张"信赖"的企业，该用什么颜色作为商标好呢？蓝色？深蓝色？没错，就是这种颜色。那么，宣扬"环保"的组织呢？没错，就是绿色和褐色。

■ 正因为彩图具有这种特性，所以能体现出设计师"想向人们表达哪种印象"，更可以把自己想表达的印象和主张传递给观众。

同一素材也可以具有不同的印象

■ 请大家看下面的 4 张照片。这些照片都是同一张正在化妆中的女性。但根据配色不同，给人的印象感觉也截然不同。下面我们用语言把这种印象表达出来。对于设计师来说，把自己脑海中的感觉转化为语言也是极为重要的。

■ 淡粉色→柔和可爱的印象。淡蓝色→清爽凉快的印象。深红色→激情洋溢的印象。浅褐色→冷静而沉着的印象。

■ 你更喜欢哪种配色呢？与美好无关，设计具有目的性，需要根据具体所需的印象搭配具体的颜色。

■ "如果是面向年轻女性，最贴切的印象是可爱。所以还是用淡粉色好！""如果是夏季活动的宣传，还是清爽点好，所以用冷色调的蓝色！"像这种目的明确的配色思路，是成为一个优秀设计师的第一步！

不同配色，给人的感觉不同

柔和可爱的印象

清爽凉快的印象

激情洋溢的印象

冷静沉着的印象

把"心意"凝聚在色彩之中

■ 让我们来看一个色彩缤纷的 LOGO。这配色看起来很有爱吧。其实这些颜色中都蕴含着这家动物诊所所长的想法呢。

■ 或许这个 LOGO 看着有点抽象，不过像这种把"想法"转化为视觉，就是设计师的工作。"想法"经过"颜色"点缀之后变得可见、可感了。

■ 这个配色体现出这家诊所具有悠久的历史背景，不断交汇着人们的"想法"。可见设计师选用这些配色是经过深思熟虑的。

■ 下面的图片例子通过颜色给人一种"这家诊所贯彻着这些想法"的印象，可见颜色的力量有多么神奇！

把"心意"凝聚在色彩之中的 LOGO 例子

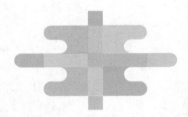

霞ヶ関 どうぶつ クリニック

Kasumigaseki Animal Clinic

霞关动物诊所

肉色=人·动物　粉色=活力　　钴蓝=干净　草绿色=精炼　黄色=亲近　灰色=普遍
（的关怀）　　（地区活性）

这些颜色是根据日本传统的大和色彩配的。每种颜色都包含了"霞关动物诊所"想传达的心意。

针对不同个体，搭配不同"情感色彩"

■ 让我们来看一下下面几个色彩缤纷的盒子。这些是餐厅中的包装礼盒。可以看到盒子上面有不同颜色的花。

■ 相信你也已经意识到了，这些颜色并不是随心所欲乱配的。而是根据颜色的"情感色彩"配的，这样就可以针对不同顾客的需求，选用不同颜色的盒子。

■ 就像前面说过的那样，针对不同性别和年龄的群体有着不同的配色。这些礼盒的配色就是根据不同客户群体的"心情和情感需求"设计的。

■ 正所谓"十人十色"，人们内心深处对颜色的要求各不相同。设计师在配色时需要充分考虑到这种心理，发挥出颜色所蕴含的可能性。

用颜色象征"情感色彩"的礼盒

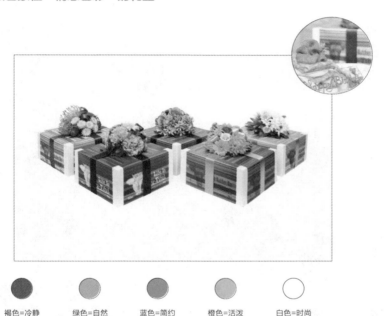

褐色=冷静　　绿色=自然　　蓝色=简约　　橙色=活泼　　白色=时尚

餐厅中的"肉蓉蛋糕礼盒"，根据不同顾客的"情感色彩"选用不同配色。

要点

千万不能把配色当成单纯地选择颜色。而应该根据"印象（目的）"配色。配色终归只是一种方法而已。

09

文字① **文字的基础知识**

我们日常生活中每天都能看到文字。对于这些生活中随处可见的文字，我们该怎么来正确认识呢？

认识文字

文字是交流的工具

■ 试着在大街小巷寻找文字目标吧。尽量寻找些能让你觉得"这个设计真不错"的作品里的文字。找到了吗？那么，试着念出来吧。

■ 念出来后，文字的意思应该知道了吧。试想一下该设计作品中要是没有文字会是一种怎样的场面。像招牌、海报等平面媒体要是没有文字，我们根本就不知道作品想表达什么吧。

■ 说了这么多，其实文字，就是连接作者和读者的桥梁，是一种交流工具。而把这种工具用在设计上，为了能更清楚地表达出思想，就必须知道字体的种类和构造了。

街上的文字是"交流的工具"

寻找街面上的文字，试着放声念出来吧。

有文字和没文字的对比。是否能体会到文字的重要性呢？

日本字体的种类

明朝体：信赖感、安心感

■ 明朝体是一种竖线较粗，横线较细的字体。横线笔画末端呈三角形的"鳞角"状，线条粗细具有幅度，就算是小字体也能看清文字。能给人一种信赖感、安心的感觉。

Gothic 体：可视性、可读性

■ Gothic 体是一种横竖线条的粗细程度比较均匀的字体。能比较容易被眼睛识别，阅读起来比较方便。

圆 Gothic 体：亲切、温柔

■ 圆 Gothic 体是边缘比 Gothic 体圆滑的字体。能给人一种温柔而亲切的感觉，而且还显得比较可爱。

楷体：历史感、和风

■ 楷体是一种毛笔色彩浓厚的字体。具有手写字般的信赖感，适合用于有历史感的作品中。

粗体和同类字体

明朝体
字重：L / R / D

永A
字重：L / R / DB

文字を読む　文字を読む　文字を読む　文字を読む　文字を読む　文字を読む

"粗体"是字体的粗细。"变种"是不同粗细程度的字体种类。同一种字体"粗细"不同，表现出的效果也不同。

明朝体

今、いきますね。　永あ　ア A　鳞角

Gothic体

みんな、見せていく。　永あ　ア A

圆Gothic体

ボクは家にいるよ。　永あ　ア A

楷体

君を愛しています。　永あ　ア A

认识西文字体

罗马字体：品位、格调

■ 罗马字体横细竖粗，接头部位有弧形角，形态饱满十分美观。因此多被用于装饰，显得特别有品位和格调。给人一种沉着冷静的印象。

Sans Serif 体：近代、简约

■ Sans Serif 体是一种笔画边缘没有额外装饰的字体，能给人一种简洁感，简约而中性。比较适合用来表现近代风格。

Script 体：高雅·纤细

■ Script 体是一种具有手写般流线型的花纹艺术字体，具有高雅和纤细感。这种类似艺术签名

的字体很适合用来表现时尚风格。

Slab Serif 体：稳定、安心

■ Slab Serif 体的笔画边缘呈四角形，能给人一种根基很稳的印象。是一种非常规但看着能让人觉得安心的字体

根据需要选择字体

西文字体成千上万，该选用哪种字体呢？其实只要根据设计需求购买相应字体即可。要养成感觉这个字体跟我的设计挺配的，"好，买了"的收集习惯。

罗马字体

Live in the present.

Adobe Caslon Pro Regular

衬线

Sans Serif 体

I Fight Tomorrow.

Helvetica Neue LT Pro 75 Bold

Script 体

Beautiful every day.

Snell Roundhand Regular

Slab Serif 体

A Good Feeling.

Rockwell Regular

街上常见的时尚招牌。这是罗马字体还是Sans Serif体呢？为什么要用这个字体呢？用设计师的眼光来看待这个问题吧。

认识字体的结构

日本字体为正方形

■ 日本字体一个单独文字收纳在一个正方形框内。平假名、片假名以及汉字的方形设计都是为了便于收纳在这个正方形框内。

西文字体呈水平结构

■ 西方字体基本是沿着一条"基线"水平排列的文字。西方字体分大写和小写，具有一定的高度差，上下两端各有顶线和底线。

调整字体间距，是对读者的一种关怀

■ 试着把日语字体中的平假名、片假名和汉字

分别打出来吧，西文字体可以试着随便打一些自己喜欢的单词，然后看看这些字体之间是否有一定的间距吧。

■ 能看到字体之间存在均匀的间距吗？这些间距指的不单单是数值上，而是肉眼也能够感受到的。试着感受一下这些间距是否均匀吧。

■ 如果是直接打出来的字体，字体之间的间距是不均匀的。而把这些间距调整得彼此均匀，称为"调整字体间距"。

■ 调整字体间距，能让读者在阅读的时候能少一些违和感，从而达到"流畅"的阅读效果。调整字体间距是对读者无形中的一种关怀。

日本字体的结构

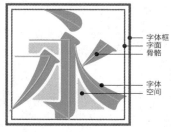

字体框
字面
骨骼

字体
空间

日本字体的设计刚好处于正方形"字体框"中。

西方字体的结构

顶线
帽线
升部
基线
降部
底线

西文字体沿着一条"基线"水平排列。

调整字体间距是对读者的一种关怀

文字をカーニングする。
⇩
文字をカーニングする。

Kerning
⇩
Kerning

把文字之间太宽或太窄的间距调整得均匀，称为调整字体间距，是让读者能流畅阅读的一种关怀。

要点

用设计师视角观察街上的文字是"面向什么群体，想表达什么"吧，对你的设计将有很大帮助。

10

文字② **字体的选择**

我们已经知道了字体的种类和结构的基础知识。那么，实际设计上应该选择哪种字体呢？

根据面容和性格选择字体

思考符合"文章内容"的人物形象

■ 为文章搭配字体时，面对那么多字体，你是否一脸茫然呢？这时不妨想一下文章内容适合"什么群体阅读"，再选择字体吧。可以试着在脑海中用家人或朋友的形象朗读一遍看看。

思考符合"文章内容"的人物形象

"一副正经的眼镜"……

ど真面目な中年男性
が、語っていそう

一本正经的中年男性不苟言
笑地说

"好漂亮的脚踝"……

上品なお姉さん
が、ささやいてそう

姿态优雅的大姐姐轻声细语
地说

"蜡笔好好玩"……

元気あり過ぎな子ども
が、騒いでいそう

活泼可爱的小孩子蹦蹦跳跳
地说

思考文章适合"什么群体阅读"，再选择合适的字体。

文字的排版方法

■ 有想到合适的人物形象吗？那么，再试着根据那个人的面容和性格，为文章搭配合适的字体吧。

■ 一本正经的中年男性不苟言笑地说→经典的 Gothic 体。姿态优雅的大姐姐轻声细语地说→纤细的明朝体。活泼可爱的小孩子蹦蹦跳跳地说→圆 Gothic 体。

活用 字体间距、行间距、粗体 渲染气氛

■ 根据所用字体，调整字体间距、行间距、粗体可以把文章的气氛升华一个层次。

■ 比如把字体的行间距缩小→感觉更严谨。把字体间距扩大→感觉更柔媚。把字体调成粗体→感觉更显活泼。

■ 不管是字体的选择还是调整，都没法做到一步到位。只有选出几个你觉得好的字体，并都把样本打印出来，最后在纸面上挑选出一个最合适的字体。

思考文章适合 "什么群体阅读" 选择字体

什么群体？
一本正经的中年男性
怎么朗读？
不苟言笑地说
所用字体
Gothic体

一副正经的眼镜

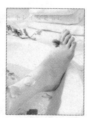

什么群体？
姿态优雅的大姐姐
怎么朗读？
轻声细语
所用字体
明朝体

好漂亮的脚踝

什么群体？
活泼可爱的小孩
怎么朗读？
蹦蹦跳跳地说
所用字体
圆Gothic体

蜡笔好好玩

活用 "字体间距、行间距、粗体" 渲染气氛

な真　　　縮小　　な真
眼面　　　⇒　　　眼面
鏡目　　　　　　　鏡目　　　缩小字体间距、行距后更显严谨

キレイな足もと　扩大 ⇒ キレイな足もと　扩大间距后更显柔媚

にぎやか　加粗 ⇒ **にぎやか**　使用粗体后更活泼可爱

调节"字体间距=字与字之间的间隔""行间距=行与行之间的间隔""粗体=文字的加粗版本"，可以有效渲染出气氛。

要点

当需要在几个外形类似字体中选出一个字体时，别在电脑上筛选，打印出来能看出更多的细节和感觉。

11

文字③ 字体给人的印象

我们经常能看到印刷品上的文字，可为什么是那种字体呢？设计师用那些字体是否另有深意呢？让我们从设计师的角度来看待这个问题。

感受文字的印象

对比自己的印象是否和周边朋友的印象一致

■ 该用明朝体时就用明朝体，该用 Gothic 体时就用 Gothic 体。同一种字体里面细分下来还有许多字体。这些字体名称没必要刻意去记，在实际的设计过程中多根据需要选择相应的字体，自然而然就会记住。

■ 有时候，身边朋友客观的评价和意见也是很重要的。比如"我想表达出这种感觉，所以选用了这种字体"，会得到的回答有"喔，感觉挺不错的嘛"，或者"嗯……照你那么说的话，用这个字体不是更好？"

■ 又比如，参考设计水平比自己高的人的意见。平时记得多和精于搭配字体的人交流。另外，朋友的意见也可以参考。不管是文章、字体还是设计，最终都是给"人"看的，因此参考"人"的意见，是提升自己对作品印象的捷径。

把字体设计出来，和人交流，感受"文字的印象"

在实际设计过程中多搭配需要的字体，自然而然就会记住的。
设计是给"人"看的，因此参考"人"的意见，是感受文字印象的关键。

同一素材也能有不同印象

■ 来看一下下面的 4 张图片吧。这是同一张海滩的照片，不过因为字体不同，给人的感觉也不一样吧。

■ 明朝体→真情流露的怀旧风格。Gothic 体→能发人深省，严肃地思考问题。圆 Gothic 体→欢快轻盈的感觉。楷体→传统而富有历史感。

■ 设计就该根据想表达的印象和内容选择合适的字体。当然，最好是打印出来再进行筛选。

■ 接下来把"环境问题'海'"单独显示出来，再来看看效果。同一字体，把某些文字放大、加粗后，信息就显得跌宕起伏而具优先顺序了。根据字体，可以对想表达的内容形成直接的影响。

根据文章长短选择字体

"条件" という名の自由。
**自由という名の不自由がつき
まとう。"条件" という名の縛
りには、そこから生まれる可
能性が広がっている。ある意
味、自由な世界なのである。**

"条件" という名の自由。
自由という名の不自由がつき
まとう。"条件" という名の縛り
には、そこから生まれる可能
性が広がっている。ある意
味、自由な世界なのである。

译文：
以"条件"为名的"自由"
自由的定义本身就不自由，因为
总是被一种叫"条件"的东西束缚
着，然后在条件允许的可能性中
称作"自由"。或许，这才是自由
的世界吧。

字体选择还有一个情况就是看"文章的长短"。短文追求"一目了然地体现出内容"，可以选用粗体。长文为了避免长时间阅读造成眼疲劳，可以选择纤细的字体。根据文章的类型选用合适的字体吧。

不同字体，表现出的印象不同

明朝体→真情流露的怀旧风格。

海边的回忆

Gothic体→令人严肃地思考问题。

环境问题

圆Gothic体→欢快轻盈的感觉。

大家的海！

楷体→传统而富有历史感。

日本的海

让信息跌宕起伏、具有优先顺序

環境問題
「海」

整句话相同的状态起伏！

環境問題
「海」

"海"字放大，引号调细后的效果

环境问题"海"

通过字体改变"给人们的印象"

■ 让我们来看一下下面包装袋上的绿色字体。这是长野县特产的糖果"信州糖"。包装设计上充分发挥了"信州凉爽的气候"以及"咬起来口感清脆"的商品特点，并通过简洁的 LOGO 和排版突显出来。

■ 把包装上的文字整理一下就是↓

"商品标题 1 = 信州糖 = 凉爽的气候"
"商品标题 2 = 清脆 = 口感清脆"
"口味种类 = 苹果味 = 湿润、多汁"
"商品说明 = 信州产的苹果汁 = 直接描述"

■ 这个包装在设计时，实际是先考虑文字所代表的意思和氛围，再选择合适的字体。接着再对文字进行排版和加粗，通过字体改变"商品特征 = 给人们的印象"。

再以特辑为例

捕食　轻盈的字体

历史圣地　历史感浓厚的字体

集设计之大成的"特辑"中，往往能找到很多字体的应用例子。比如旅游景点就可以用"轻盈的字体"，而历史感浓厚的神社特辑就得用"具有历史感的字体"了。

字体改变 "人们的印象" 的例子

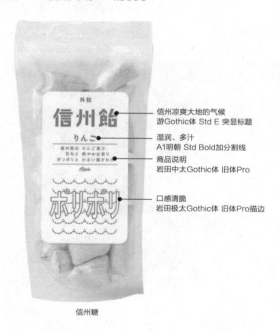

信州凉爽大地的气候
游Gothic体 Std E 突显标题

湿润、多汁
A1明朝 Std Bold加分割线

商品说明
岩田中太Gothic体 旧体Pro

口感清脆
岩田极太Gothic体 旧体Pro描边

信州糖

设计时记得考虑商品在货架上会是一种怎样的样子。

"信州大地凉爽的气候"及"口感清脆"的商品特点，通过LOGO和排版突显出来。

根据设计目的设计艺术字体

■ 我们来看一下下面的 4 个人商标 LOGO。这是一家现代休闲烧烤店的 LOGO。4 个 LOGO 都是这家叫"KINTAN"的店面招牌，不过这家店根据分店的地段不同，招牌上的字体设计也截然不同。

■ "六本木 Kintan 烧烤"基于 Slab Serif 体的柔和字体。"表参道 Kintan 烧烤"基于 Sans Serif 凸显边缘的字体。"惠比寿 Kintan 烧烤"基于 Script 的休闲时尚字体。"赤坂 Kintan 烧烤"纯艺术字体，生动形象。

■ 可以看出，这家店在不改变店面招牌核心（休闲）的情况下，根据地段和消费人群不同，设计了不同的字体。这好比我们在浅草或青山等地的车站下车之后，能够感受到行人气氛不一样。设计要因地制宜与当地氛围相结合。

设计艺术字体，提升世界观

上：现有字体　下：原创字体

"设计出原创的艺术字体"有时候可以提升自己的风格。该使用现有字体还是原创字体，通过思考，找出自己的答案吧。

根据"地段、消费人群"设计艺术字体

"六本木Kintan烧烤"LOGO基于Slab Serif体，字体柔和。

"表参道Kintan烧烤"LOGO基于Sans Serif体，凸显字体边缘。

"惠比寿Kintan烧烤"LOGO基于Script体，休闲而时尚。

"赤坂Kintan烧烤"LOGO纯艺术字体，生动形象。

要点

选择字体、改变字形时，在有意识地进行的过程中，别忘了时不时客观地换位思考下"别人看到这字体时会怎么想呢"？

以"高度"为主题的婚宴海报。设计的目的是为了让会场的来宾能更尽兴。图中的色彩和文字能让人感受到举杯的手和形形色色的宾客。作品充分展现了"更上一层楼、未来节节高、心情更美好"的含义。

这是着重于"色彩、文字"的设计实例，重点在于用色彩和文字表现出概念。
这种别具一格的表现手法往往能给予你不一样的直观感受。

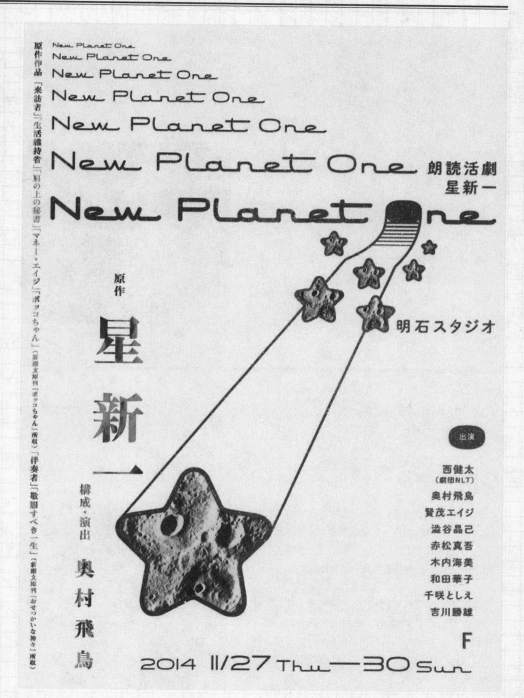

这是科幻作家星新一原作作品朗读话剧"New Planet One"的宣传单。设计上使用了纵横交错的表现手法。纵向排版用的是"本明朝新假名"字体，并用星星的背景色表现出了一种"传承"般的感觉。横向排版用的是"秀英圆 Gothic 体"，用宇宙的颜色展现出一种现代气息。

设计交流角02

○ 热传导

有种东西叫场的热量（气势、干劲、激情）。大家平时对某件事抱有期待，却总是没什么干劲去挑战。要培养良好的干劲，让自己成为热的中心点尤为重要。唯独这点的方法不能去问别人，因为那样就没激情了。

平时需要培养激发热的口才，以及传播热的方法。而不管用哪种方法，都需要自己身体力行，通过行动激发出更多人的干劲。

通过行动，生成热，让气氛更高涨。

○ 时刻保持新视角

对事物保持新鲜感

止步不前会降低纯度。我们观察对象时，时不时换个视角，让身心都处于新鲜状态吧。吸收新鲜事物后，自己不会马上产生变化，要有成效大多要在3个月后。所以，要每天都保持新鲜视角。

试着有意识地寻找其他感觉。要是你感到迷茫，不妨到外面走走，尽量到人多的地方。因为设计是面向人的，人多的地方总有许多灵感等待你发掘。多走多看多探索，然后，再引用到自己的设计作品上。

用新的视角看待事物，能发现新的设计灵感。

过度拘泥于"设计表现"是不能做出好作品的。平时还得注意"与人和睦相处"。像问候、行为举止、传送资料、写邮件等，都是设计的环节。

○ 抓住机会多交流

能和人交流就尽量多和人交流，这样能为设计出好作品奠基。和人接触的次数越多，彼此越能推心置腹、知根知底。所以"交流 = 设计"。

在有限的圈子里要做出最好的作品是不现实的。若只是根据要求随意拼凑了最低的量和内容，则称不上是设计。所谓设计，不是听之任之，而是自己求取。我们必须自己主动与对方交流才行。

聆听心声，抓住机会，也是设计。

心连心朝着同一个目标前进总不会错。只有彼此通过交流，才能一起想出最好的方案。

干劲和激情往往会受到周边人群的影响。所以，如果你"希望自己现在这个年龄要成为哪种人"，就尽可能地多和目标人群接触吧。

○ 环境是一面镜子

Environment is your mirror

你是否在抱怨环境令你不满呢？"学校教的东西好无聊""怀才不遇"等。环境是自己的一面镜子，自己身边的人往往都是些和自己水平差不多的人群。

环境本身不会变化。但当你希望"我想像他那样厉害"并付出具体行动的时候，你的环境就开始产生变化了。为了成为自己理想的人物，付诸行动吧。

懂得生活，才能设计生活。

规划自己的将来也是一种设计。按部就班过于无趣，随波逐流也太过冒险，合理安排才能一帆风顺。

把目的转化为视觉

你是否还在为该为作品搭配哪种印象发愁呢？最后一章，我们来看一些"针对不同目的的不同印象"例子。学习设计时该怎么表达出印象。

"统一"
的印象

按元素分类

按元素比例排列

元素按网格排列

"对比突出"
的印象

纵横对比

远近对比

活用空白区域

"稳定"
的印象

镜像对称排版

对角线排版

重心朝下排版

"热闹"
的印象

自由排列

角版抠图相结合

用图章展示

设计造就印象

■ 这些设计案例在设计时都具有目的性，旨在让观众看到成品后会"留下这样的印象"。而为了达到这样的目的，该怎么对作品进行排版、配色、字体呢？

■ 在实际设计中，有时候会遇到目的方向不一的情况。比如既要体现出"女生的可爱"，又要体现出"亲密无间的感觉"。根据不同的目的，设计可以有无数种表现手法。而作品就是在这无数种手法中选出一个最合适的结果。大家可以在实际设计过程中感受这一点。

"面向女性"的表现手法

成熟女性　　　　女生　　　　宠物

"面向男性"的表现手法

帅气　　　　中性　　　　强大

"宣扬自然"的表现手法

自然　　　　手工艺　　　　透明感

"古典怀旧"的表现手法

和风　　　　复古　　　　经典

统一的印象① 对同类元素进行分类

当需要对多张照片进行排版时，首先需要把相同类型的元素进行分类。
在排版之前，先用容易辨别的纸张整理一下信息吧。

对相同类型的元素进行打组，并在视觉上加以区分

■ 当有多张照片需要展示时，若是单一地排列出来难免显得单调。这时就得找出相同类型的元素并进行打组。如上面作品例子中可以分为"A. 椅子和沙发，B. 玻璃和杯子"两个组。

■ 接着再对这两个组进行排版分类。为了让人简洁直观地看出两个组的区别，把例子中A组"椅子和沙发"切成圆形，B组"玻璃和杯子"呈方形排列。

1. 找出相同类型的元素

2. 对同类元素进行打组、裁切

3. 在视觉上对不同组加以区分

找出"相同类型的元素"

一堆照片

在一堆杂乱无章的照片中找出同类型的元素。

"打组、裁切"加以区分

A.椅子、沙发　　B.玻璃、杯子

结合商标展示"同类元素"

有"A.椅子、沙发"和"B.玻璃、杯子"两个组！裁切成圆形和方形加以区分。

根据商店的"时尚印象"及LOGO上的黄色标记进行排版

对"同类元素"进行了分类！

对同类元素进行分类之后,"商店特点和主要商品"一目了然。

可惜!
不同组之间的元素要是不加以区分会变成这样。

两边浑然一体,很难分清"照片属于哪个组"。

在视觉上对组进行分类

元素类型可以为设计提供参考。比如展示"白、黑"两种商品,可以用反色背景衬托出商品;展示"远、近"照片,可以根据景色远近大小进行排列。

白色　　黑色

远　近　远

要点
排版不能一味追求好看,把"商店特征以及信息简洁直观地呈现出来"才是重点!

整理信息,表现出特点

■ 对同类元素分类之后,还得准备一个共通的东西用来表明这些元素是同一家店里卖的。于是就得在标题上下功夫。既然是时尚家居商店,就该选用清晰的字体,并根据 LOGO 上的颜色搭配黄色底色。

■ 如此,就在视觉上突显出了"这家点是一家时尚家居商店"→主营"A. 椅子、沙发,B. 玻璃、杯子"。可见,打组和分类之后,根据整理的信息和商店特征,想出合适的设计方案尤为重要。

统一
的印象② # 按元素的比例排列

在统一的印象手法中，有时候需要把"元素均衡地展示"出来。这种时候就可以让元素按照纵横一致的比例排列。这样相同元素之间就显得均匀协调了。

想同时展示的元素，比例要统一

■ 当需要把相同类型的元素"同时"展示出来时，按元素的纵横比例，或者根据其中一个元素的比例对齐，能给人一种统一的印象。

■ 按大小比例排列，相同元素就显得统一和谐，让人能一眼就看出是同一类型的元素。上面的例子中，要同时展示出几个音乐家，就把照片按同样的高度对齐，外面的装饰框颜色也要统一。

1. 找出需要同时展示的元素

2. 按同类元素的大小比例对齐

3. 字体·颜色·装饰格式也要统一

找出需要同时展示的元素

按同类元素的尺寸比例对齐

需要同时展示的元素

按照片高度对齐显得和谐统一！

把上面的照片整理之后，有"A.现场演奏的照片""B.出场音乐家的照片"两种类型。"B.出场音乐家的照片"三张就是需要同时展示的元素！

"B.出场音乐家的照片"三张照片按照高度对齐之后，就达到了几个出场音乐家照片同时展示的效果！

检查尺寸比例以及印象

要是照片规格参差不齐，就算是同类型的照片也显得杂乱无章。

按一种规格对齐后，就和谐许多了。

当需要优先展示某一个音乐家时，可以把其他两张照片按照这种方式排列。

字体、颜色、装饰格式也要统一

为了达到整体和谐统一的效果，除了尺寸比例之外，"字体、颜色"也需要考虑。反之，如果不想同时展示，就可以配上不同的字体和颜色加以区分了。

字体、颜色统一

可惜！

字体、颜色不统一

要点

这些元素真的需要同时展示吗？这需要设计师自己去想。

整体与局部，根据氛围排版

■ 为了与整体图片有所区别，在几张照片下面加上一层黄色基调的图层。这样"上：演奏现场信息"和"下：出场音乐家信息"就一目了然了。不过两边的信息终归都是同一场音乐会，因此还需要在底色图层上加一条连接线。

■ 通过"上：演奏现场信息"和"下：出场音乐家信息"的排版，能够让人清楚地看出→"这是一场高级音乐会"。根据整体的印象，调整字体、颜色使整体达到和谐统一。设计就是在统筹整体和细节的基础上进行的。

04

统一
的印象③ **元素按网格排列**

当有大量照片需要在一张页面内展示时，推荐使用网格排列。这种井然有序的排列方式能够清楚得呈现出所有内容，让人一目了然。

井然有序的排列方式，呈现出所有内容

■ "照片这么多，怎么办？"这时网格排列可以帮助你。当需要展示的照片很多时，可以在页面上划分出一些格子，然后把照片按顺序排列在网格内，这样有助于一边整理信息一边纵览全局。

■ 在网格排列中，适当使用空白和裁切，整体印象也会有所不同。网格具体该怎么布局，要看是想重于产品介绍，还是着重于可爱风格，然后再考虑网格位置。

1．希望作品整体将呈现出一种怎样的印象

2．划分出格子状的区域，把元素排列到网格中

3．通过调整元素比例，突出重点

思考网格排版区域

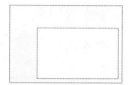

首先需要选出用于网格排版的区域。

沿横竖方向切出格子状

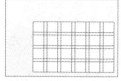

分别沿着横竖方向画出容纳元素的网格。

调整比例大小，突出重点

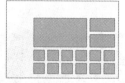

根据网格位置调整大小，突显出重点区域。

嵌入照片

把照片嵌上去后大体样式就出来了。

修饰整体印象

根据想表达的感觉，修饰出整体印象。

通过调整元素比例，突出重点

若是把所有元素单一地排列难免显得单调。把需要重点凸显的元素通过调整大小呈现出来，整体就显得波澜起伏了。

稍微显得单调……

这样效果突出许多！

要点

"是否该均匀地展示，还是重点体现局部"，根据目的不同，网格排列将有很大改变。

突显对比，引人注目

■ 照片不要在网格上均匀地排列，而应该有大小比例的对比。要是所有元素都只是均匀地铺排开来，虽然好看，但难免会显得单调，而且人们看的时候也不知道哪些是重点，这样我们想重点展示的某些细节就可能被人忽略。

■ 网格排列在各种媒体上的应用范围都很广，我们一定得掌握。总结起来就是把同类元素的尺寸调整好之后，再根据比例在限定好的网格位置上铺排开来，可以让人清楚地看到所有元素，是一种非常便捷的排版方式。

纵轴、横轴的对比

页面怎样才好看呢？让我们试想一下道路吧。一条排列整齐的大道走起路来很平坦。对于排版来说，纵轴、横轴就好比是路，是让读者方便阅读的大道。

用单色格局，感受视觉流动

■ 当你有多张照片，要在略显单调的页面内凸显起伏感时，可以在大范围的横轴和竖轴上对图片、文字素材进行排版。这种纵横格局能让人感受到一种视觉上的流动感。

■ 使用横轴和竖轴的排版，要避免一开始就铺排素材。那该怎么排呢？可以试着用单色格局进行排版。这种单色格局的排版用来估算素材尺寸和空白区域的平衡度很方便。

1. 用单色格局，确认元素的尺寸比例

2. 同类元素朝一边对齐，单独作为一个轴

3. 纵观全局，排列出一个良好的视觉流动

用单色格局，确认元素的尺寸比例

先别急着对各元素进行配色，先用单色排版整理出一个合适的尺寸和平衡感。

同类元素朝一边对齐，单独作为一个轴

就算是彼此相隔的元素，由于边缘和边缘对齐，也能形成一个巨大的轴向。这些通过排版形成的轴向正是平坦（方便阅读）的康庄大道。

纵观全局，排列出一个良好的视觉流动

考虑好希望人们一眼看去时，会"优先看到的顺序"尤为重要。人们的视线会沿着轴向移动，我们在制作时要好好利用这一点。

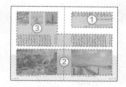

要点

规划轴向时尺寸很重要。粗细程度不同，会直接影响轴的"强度"。需要分清轴是马路还是人行道，是用来走的还是用来跑的！

同类元素沿边缘对齐，汇集成一个巨大的轴

■ 这个作品例子中，页面中央从右到左有明显的区域用来放置文字，与之相应的是下面两张特写照片形成的横轴。而为了与这条轴相辅相成，页面上端也有一条横向的轴形成视觉流动效果。

■ 仔细看左边页面不难发现，竖向仿佛也有一条轴吧？这是因为三张照片素材以及文字区域、特写照片横向的边缘处于同一条线上的缘故。可见，不同元素横向或纵向对齐，都可以形成一条巨大的轴。

对比突出的印象② 远近的对比效果

让人感受到"原来还有这样的一面啊！"是体现出作品魅力的要点。从排版的角度来说，就是"展示出的幅度"。这种幅度可以通过"远"和"近"的对比表现出来。

循循善诱，让人们的视线跟着你走

■ 请看上面的例子，然后说出你视线优先看到的顺序。相信大部分人都是先看特写的可爱女性的照片吧？然后是"家庭聚会的推荐方法！"的标题，另外几乎与之同时视线会往下面那张照片上看。

■ 你是否也跟大多数人一样，直到最后才注视左上角的文章呢？照片的远近比例不仅可以形成对比效果，还能强有力地诱导观众的视线，很不可思议吧？

1. 构思好别具魅力的诱导格局

2. 决定好希望优先展示的元素顺序

3. 利用远近推拉的对比制造节奏感

构思好别具魅力的诱导格局

首先看这边！这边！　　　然后再看这边！　　　　最后再看这里！

思考页面中哪个元素更具能令人感受到魅力的视觉冲击力，然后通过设计，让人产生"这篇文章有意思！我想继续看！"的欲望。

决定好希望优先展示的顺序

→

照片的"远、近"及尺寸大小的对比，能形成一种强弱分明的节奏感。造成诱导人们视线按①→②→③顺序移动的效果。

利用远近推拉的对比制造节奏感

在同一张页面中，通过排版"远、近"不同视角的照片，能形成一种轻快的节奏感。记得要根据实际情况选择同一主题但远近距离不同的照片，这样才能给人一种分镜般的临场感。

要点

不同的对比手法能为设计带来动感！先思考元素通过哪种方式展现出来更具魅力，然后再排版。

最想展示的内容，优先展示

■ 最重要的不是怎么用远近照片提升对比效果，而是通过远近对比效果实现自己的意图。也就是说，远近对比要有个优先顺序。通过排版，活用远近对比，实现"我想让人第一眼看到这个！"的意图。

■ "1. 首先通过一幅女性灿烂笑容的照片提升页面的趣味性"→"2. 接着引出标题和主题照片，让人知道这是篇关于什么的文章"→"3. 最后引起人们阅读文章的兴趣"。通过这些优先顺序循循善诱，就是"远、近、推、拉"的手法。

设计上经常会用到空白区域。"有意图地应用空白区域"也是设计的技术之一。那空白区域的意图是什么呢？空白能给人一种简洁精练的印象，还能给观众提供自由想象的空间。

把空白区域的意图转换为语言

■ 上图的例子有一片很大的空白区域。你能看出这些空白的应用意图吗？这张吉他广告表现出了"吉他的历史""扣人心弦的感觉"以及"触及梦想所需的时间"。你问为什么不再后期润色一下？因为已经没必要再润色了。要是过于墨守成规，有时候则体现不出所要表达的简洁印象。

■ 不过，"空白所代表的意思"这点不管是前期还是后期都是必须明确的。设计的目的在于"传播思想"，而当设计上有不可言喻的思想时，就可以通过"空白"把这种思想表现出来。

1. 把空白区域的意图、意思、思想转化成语言

2. 思考可见元素之间的平衡

3. 多做多练，锻炼对空白的感觉

把空白区域的意图、意思、思想转化成语言

思考可见元素之间的平衡

吉他的历史

扣人心弦的感觉

触及梦想所需的时间

空白代表什么意思呢？用语言把它传达出来吧。

↓

空白

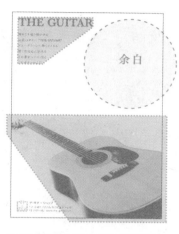

余白

THE GUITAR

把文字信息和吉他照片沿对角线排版之后，空白区域恰到好处。

多做多练，锻炼对空白的感觉

你认为"感觉"是与生俱来的吗？显然不是！"感觉"这种东西任何人都可以通过锻炼得到，所以必须像锻炼肌肉那样不断反复地练习才行！空白该怎么表现才妙不可言呢？只能各位自己反复摸索了。

感觉即是肌肉！

要点

"看着舒服的空白"只有当自己亲自做出来之后才能切身感受到。建议各位读者立刻亲身感受一下吧。

可见元素之间的平衡

■ 当决定好空白区域所代表的意思后，就要开始考虑该划分空白的区域了。既要考虑可见元素，又要考虑空白区域，该怎么把握呢？平衡感很重要。用语言进行说明就是，通过把文字信息和吉他的照片沿着对角线排版，让页面整体能有种稳定感。

■ 另外，空白代表吉他象征出来的思想，所以右侧斜上方配置空白区域最为合适。不过，听着虽然简单，但如果去做出来，或许就没那么简单了吧。所以要多做多练，锻炼出自己把握空白区域的感觉。

08

稳定的印象① **镜像对称排列**

当有相同的物品或同等重要的人物需要同时展示时，有一个很有效的表现手法——镜像排列。这种手法能给人一种稳定的感觉，一种"两个结合在一起才是主角"的印象。

两个主角，两个都要同样醒目！

■ 图中有两个主要元素。当两个同样重要，都希望达到醒目的效果时，就可以使用镜像排版了。这种排版方法可以让页面内的元素显得很对称，富有平衡感，从而让两边的元素都达到同样重要的地位。

■ 另外，非主要元素最好也跟主要元素一样使用镜像排版，达到强调镜像对称的效果。比如，"左边三明治""右边三明治"以及标签、字体统一用镜像排版后，整体的对称感就显著提升了。

1. 思考哪两个元素需要同样醒目

2. 两边的陪衬元素需要统一

3. 其他元素尽量配置在衬托镜像排版的位置

两边的陪衬元素需要统一

思考哪些元素是主角，需要对哪些元素用镜像，然后再进行排版。

统一两边诸如标签设计等的陪衬元素后，整体更显和谐统一。

其他元素尽量配置在衬托镜像排版的位置

把商品名、价格等文字信息放在正中间作为轴心，可以更突显出左右对称的效果。

思考哪两个元素需要同样醒目

当有两个元素需要作为主角支撑场面时，就用镜像排版。这种均衡的视觉效果可以形成独特的气氛，很适合用在对比、反射的场景。

Symmetry

要点

与镜像对称相反的是"非镜像"。这种不对称的表现手法在制造不稳定感的场景中会用到。所以两点都先记住吧。

配角元素用来衬托主角

■ 让我们来看下这幅作品的整体页面。显然，这幅作品的主角是左右镜像对称的两个三明治。其他元素诸如商品名称、价格等文字信息也用镜像排版的方法摆放在彼此对称的位置。

■ 为了衬托主要元素左右对称，需要在中间设置一个轴心。把配角元素摆放在中间位置，会无形中形成一条轴，可以大幅度提升左右对称感。既能让左右对称的元素更醒目，又能使整体更具平衡、稳定的感觉，可谓一举两得。

09

稳定的印象②

对角线排版

把彼此具有关联性的元素，比如在"作品名"和"作家名"之间岔开一定的间隔，却还能让彼此印象不失关联性的表现手法，就是对角线排版。

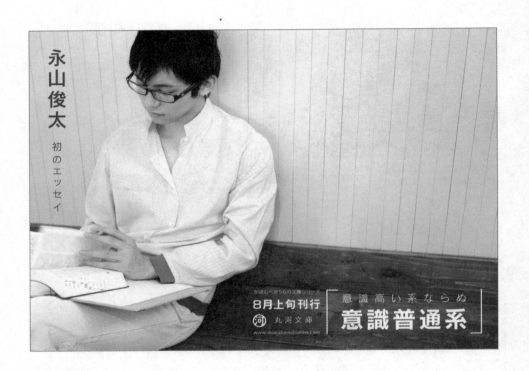

虽有"间隔"，彼此相连

■ 为什么需要"间隔"呢？比如路上有人高声叫喊着自己的名字，名字被人所知了，不过试问你会对那个人感兴趣吗？多半不会吧。可如果保持适度的距离感，或许你就会想"他会是谁呢？"而这种距离感，也就是间距、间隔。

■ 对彼此相关联的元素，需要给予一定的间隔。不过，间隔必须表现出二者的关联性才行。"间隔"不能随便添加，而要让相关联的元素彼此相辅相成。该如何把握间隔的感觉是没有固定答案的，需要自己不断地寻找感觉，这种寻找感觉的训练对设计师而言尤为重要。

1. 划分间隔，整理相关联元素

2. 思考优先顺序，检查尺寸

3. 检查页面整体的稳定性

"能看"和"想看"是两种概念

像这种一眼望去，作品名和作者名都尽收眼底的排版，虽然一目了然，但却很难让人有"想看"的欲望。

划分间隔，整理相关联元素

在作者名与作品名之间加入一个"看着舒服的间隔"，不仅能使信息被人认知，还能引起观众阅读的兴趣。

检查尺寸、间隔大小、稳定性

 →  →

间隔虽有，但不够明显。

尺寸和间隔都还可以但却不够稳定。

尺寸、间隔、稳定性都调整好后看着舒服多了！

不断检查，找出最好的感觉

相信很少有人能够在电脑上一气呵成做出理想的效果图吧。排版是，排版→输出……反复检查、确认的过程，直到"终于恰到好处了！"为止。

要点

在电脑屏幕上看和在纸张上看效果是完全不同的。检查的时候别怕麻烦，记得每次都要"打印出来"。

稳定性、尺寸的舒适度

■ 这幅作品把存在间隔的相关元素"作品名"和"作家名"沿对角线对齐。这种沿着对角线的排版能够给人一种稳定感。

■ 我们再来看一下对角线上的元素尺寸吧。你会最先看哪个呢？又或者说最想优先展示哪个呢？这需要在明确想强调的印象之后，思考实际尺寸怎么调整才能看得舒服。而这点只能自己动手去调试了。

稳定的印象③ 重心朝下排版

地球上存在重力，物体被地球的引力吸引产生自由落体。这种自然现象应用在排版上，可以给人一种自然而稳定的效果。

物体朝下，制造出稳定感

■ 就像自由落体那样，把元素重心朝下方对齐，看着就觉得很稳定吧。为了让整体更显得稳定，作品把视觉效果都集中到了页面下方，但相同元素之间的大小尺寸、空白区域的平衡感把握得恰到好处。

■ 元素朝一个方向集中，需要考虑字体、颜色之间的整体平衡。像作品中的字体颜色就跟屏风边框的褐色通道保持了一致，另外描述小狗的字体，也根据小狗的悠闲造型选用了"圆明体旧体"字体，显得浑然一体。

1. 把希望体现稳定的元素汇集一处

2. 汇集元素重心朝下对齐，制造出稳定感

3. 根据不同表现手法，创造出设计师自己的稳定感

把希望体现稳定的元素汇集一处

为了体现出重心向下的感觉，把照片和文字的视觉效果汇集一处，再进行排版。注意不能过密，也不能过疏，要体现出空气感。

思考字体·颜色平衡，让元素看起来更有整体感

使用字体：Kakumin R
有点生硬，不像是一个整体

使用字体：春日学园L+粗体
与小狗身姿类似，但过于可爱了

使用字体：圆明体旧体+粗体
整体浑然一体！就这字体了！

思考印象的扩展

我们已知，重心朝下可以衬托出稳定感。那么，重心朝上会怎样呢？是否有种"空悬于上，提心吊胆的印象"呢（右图）？同样的素材，根据排版手法不同，印象的视觉效果也会有很大区别！

要点

照片、文字、图片等排版素材就好比料理素材一样，根据料理方法不同，味道也会千变万化。

根据不同表现手法，创造出设计师自己的稳定感

■ 重心朝下可以形成稳定感。那么，反过来也是有一定效果的。当需要制造出紧张感时，就可以把重心上调，就形成另一种表现手法了。

■ 总之，当你学到一个表现手法时，先别急着沾沾自喜，不妨把该手法反过来试试，看看相反的印象会是什么效果。或者，错开一点距离，会是什么效果呢？像这种时常从不同角度思考不同手法的表现效果，对设计师来说，尤为重要。一定要多思考、多行动，才能做出更为自然的效果。

热闹的印象①　　**自由排版**

哪种类型的聚会会让你迫不及待想参加呢？想想节日庆典的活动吧。
"人多热闹！自由快乐！"的感觉其实可以通过排版实现！

照片抠图、自由排列，展现自由感！

■ 这种排版没有局限，重在表现"项目种类繁多、活动自由快乐"的感觉。看了这幅作品后，你是否也有种想参加的感觉呢？这就是自由排版的效果，来试一下吧！

■ 首先来看一下照片素材。图中所有照片都是抠完图的，不局限于中规中矩的方形排列，而是自由排版、随意重叠！照片抠图能把梦想独立呈现出来，加上大小强弱的节奏感，能够渲染出欢快的气氛。

1. 对照片进行抠图，不拘一格地排列

2. 自由排版，渲染出热闹欢快的气氛

3. 目的是"设计人们的情感"

对照片进行抠图，不拘一格地排列

单纯地排列方形照片，会有多余的照片背景遮挡住沙滩背景，而且照片数量也受到局限。

经过抠图后，版面更加清爽，背景沙滩一览无余，孩子们的笑容也更灿烂。

自由排版，渲染出热闹欢快的气氛

难得抠出来的图，要是规规矩矩排列，则缺乏自由感。

自由排版，热闹欢快。

让人开心，得先让自己开心

"激发人们的心理"是设计的一个重要功能。你现在设计的作品希望激起人们哪种心理呢？开心！那就做出能先让自己开心的作品吧！

能让人感到开心的照片！

要点

这只是一份工作，这种义务感会反映在作品上，会影响观众的心理。所以设计时要做出能先让自己开心起来的作品。

要让人开心，首先得让自己开心

■ 还有一个能渲染欢快气氛的因素，就是字体。要表现出欢声雀跃的感觉，字体就得用暖色调，字形不单一，而且排版还得不拘一格。这样才能让字体和版面看起来种类丰富、轻盈欢快，观众看后想参加活动的想法也就油然而生了。

■ 设计的目的在于"激发人们的心理"，上面的例子的目的并不是为了让页面看起来"热闹"这么简单，而是要让人们看了有"参加这活动一定很好玩！有空一定得去参加啊！"的想法。而激发人们的想法，首先激发出自己内心的想法至关重要。

热闹的印象②

角版抠图相结合

看到色彩缤纷而富节奏感的图片，你是否会跟着舞动起来？排版的重叠效果，一样可以让情感重叠。这种手法能够让你感受到作品的深度。

重叠情感，激情倍增

■ 相比一张只有些许乐趣的图，几张趣图叠加在一起更具趣味。这就是乐趣重叠的效果。就好比三明治，除了肉片之外，也会夹着西红柿、鸡蛋、甜辣酱等东西，那样吃起来更美味。

■ 不过，要是重叠在一起，版面就会被覆盖。因此需要用到角版和抠图相结合的方法。通过抠图的透明"空隙"就能看到角版上的照片了，这样也就显得作品富有深度了。一不留神，你就已经激情澎湃了。

1. 角版与抠图相结合，体现出深度

2. 让人意识到乐趣的重叠

3. 把缤纷的色彩和动感元素也重叠进去

角版与抠图相结合，体现出深度

角版与抠图相结合
之后，抠图的空隙
能体现出深度。

让人意识到乐趣的
重叠

缤纷色彩的图片用"颜色叠加"
效果叠加

表现舞台光辉的图片用
"滤色"效果叠加

把表现音乐动态的极光图片的
"透明度"调低

这样就能让人感受到这是一个
将充满丰富多彩的音乐、富有
动感的光辉舞台了。

深度感可以提
升激情。

愉快地叠加吧！看
着就像个激情的夜
晚吧？

"动态"可以通过颜色、曲线表现

表现动态，可以通过视觉上的"动态"
表现出来。例如黑白代表"静止"，彩
色代表"动态"；平行的线代表"静止"，
具有规律的曲线则代表"动态"。试着
在视觉上添加动态效果吧。

要点

平时多收集"这个能让
人感受到动态"的创意，
并存储在自己的方法库里
吧，总有一天会用上。

叠加缤纷的色彩和动态元素！

■ 缤纷的色彩也能让人感受到激情的元素，很
适合用来渲染欢快的气氛。不过要注意色彩不能
过于模糊，要充分表现出对比度。

■ 另外，具有动感的元素也能提升激情。比如
能让人联想到光辉和音律的极光就能令人感受到
动感。连设计师自己都情不自禁地想跟着动起来
呢。总之，"角版和抠图""色彩缤纷""动态
元素"相互叠加，乐趣也就跟着叠加起来了！

13

热闹的印象③ **用图章展示**

表现热闹的印象，未必一定要喧闹，有时候也需要体现出高雅时尚的
热闹气氛。这种时候用"图章"表现是一个很好的手法。

图章，一种宜人的节奏

■ "图章"也称为"样式"，是由同样的图片
连续形成的一种样式。图章具有宜人的节奏感，
高雅而又时尚。或许用音乐来说明更加形象吧。

■ 强弱分明富有动感的设计就像摇滚乐，而上
图的例子就像踢踏舞，富有节奏。这就是图章。

1. 思考表达高雅的热闹方式

2. 试着把设计表现比喻成人的性格或音乐

3. 感受其中的变化、动态以及节奏

"热闹"，视环境而变

摇滚乐般激情的"热闹"，与咖啡厅谈笑风生的"热闹"，哪种更贴切？

感受变化、动态以及节奏

 →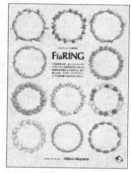

圆形组成的图章，花朵的种类可以形成不同的热闹氛围。仿佛就像有机的音乐一般。

这音乐真舒心宜人～

试着把设计表现比喻成人的感觉

看作品的人会喜欢哪种类型的设计呢？女孩子或非主流女孩子，应该会喜欢这种类型吧！没错，设计首先需要了解设计对象才能表现出来。所以，每天别忘了多调查。

要点

对设计师来说，只有"知道"才能设计出想要的表现效果。首先，你需要知道自己需要知道什么。

细小变化，扣人心弦

■ 把不同设计类型的表现比喻成人的性格或音乐之后，能激发灵感，便于调整与人之间的方向性。如果把这次的例子比喻成音乐，会是摇滚类？还是有机音乐类？比喻成人的话，会是女孩？还是少妇？

■ 这里辨别的关键在于，连续的圆形图章中，花朵的类型是否不同。稍微略带不同种类的花朵变化，会形成不同感觉的热闹印象。适当地加入变化，稍微地改变节奏，往往能更加宜人，更扣人心弦。

材料！思考"纸张、工艺、材质"

布鲁克林潇洒风格的烧烤店"六本木烧烤 Kintan"商标。
左上：荧光、活版印刷、立体加工等工艺打造的茶杯垫。右上：手工纸的洋酒包装袋。左下：镜面烟灰缸，商标为喷漆工艺。右下：通过模具倒模压制出来的烟灰缸，商标向上凸起。

九州唐津特产"腌曲榎、杏鲍菇"包装设计。通过银色质感的标签把"榎"良好发酵的主题发挥得淋漓尽致。由于采用了食品级标签加聚丙烯加工技术，以及强力胶的应用，保证了标签在货架上不掉色、不脱落。

平面媒体设计并不局限于白纸上，当设计的主题、世界观达到一定高度，"任何东西都可以是媒介"。正因为设计存在无限可能，所以我们需要博闻广见。了解设计"所用的场景"至关重要。

婚礼会场"Lumiamore"的设计，主题是"把辉煌带回家"。在海滨富丽堂皇的礼拜堂中，在悠扬的布鲁斯音乐环绕下，设计延伸到了赠品礼包和包装袋上。贺卡上的照片是在当地拍摄的，感觉婚礼顿时就升了一个档次。

日本长野县商业设施"信州 PREMIUM&PEAKs"的设计，主题为"优雅的存在感"。该设施为双层结构，在山间散发着信州悠久的历史感。设施名和产业名分别采用 LED 灯和霓虹灯，整体和街道浑然一体。

14

面向女性的
表现手法① **成熟女性**

"成熟女性"的氛围是一种怎样的感觉呢？或许是"女性观点的性感"
呢。不妨试着把关键词写出来吧。

根据关键词构思创意

■ 能想到的关键词大概就是"性感、柔美、魅惑、魅力、丰满、追求、着迷"等。但比起这些词语所直接表达出来的性感魅力，那种"若隐若现的魅力"却更加迷人呢。

■ 这幅作品的设计就用到了"若隐若现"的手法。照片中虽然以女性模特为主，但若隐若现地空出了一片看着令人很舒服的空间。作品通过把满脸陶醉的女性模特往左边排版，使得"若隐若现"的感觉更加妙不可言。

1. 若隐若现更具魅力

2. 划分出适当的空间，整体色调统一

3. 选用流线型的字体

在照片上面创建一个相同色调的图层，调出若隐若现的印象。

The Journey.

用流线型的Script字体体现出柔美的感觉。

使用字体：Snell Roundhand

大 人 の 癒 し 旅 。

稍微拉伸明朝体的高度，并把字体间距调宽，表现出轻快而成熟的感觉。

使用字体：小塚明朝、筑地体后期五号

可惜！

⚠ 表现手法使用不当就会变成这样

"可惜例子①"只使用粗体的Script和Gothic体，整体重心在于图片，柔美感不足。

"可惜例子②"字体正确但图片排版有问题。女性的侧脸占据了中间格局，性感十足但"若隐若现感"就明显不够了。

⚠ 可惜例子①

⚠ 可惜例子②

直接展示出女性美

当把焦点集中在比如脚、唇、手等女性身体的一部分，女性特有的柔美的魅力就可以直接表现出来了。

要点

作品面向的目标人物会喜欢哪种氛围的设计呢？不妨试着说出来，再把语言转换为视觉表现吧。

根据目的选择字体

■ 字体能表现出柔美感吗？该用哪种字体表现出刚才关键词中提到的"柔美"呢？"柔美"给人一种婀娜的曲线感，所以既不能用简约的Sans Serif体，也不能用带棱角的Serif体，而该用Script体。Script体流线型印象最能给人一种柔美感。

■ 那日本字体又如何呢？和西文字体一样，也该选用流线型具有柔美感的字体。因此Gothic体显然不适合。可明朝体又显得太细，为了表现出柔美感，就得拉伸字体高度，并把字体间距调宽，这样轻快而成熟的感觉就呈现出来了。

15

面向女性的
表现手法②

可爱女生

女生，可爱。最近日语中"KAWAII"一词在英语和法语中渐渐开始流行起来了。这种可爱的感觉，在设计中该如何表现呢？

圆嘟嘟，软绵绵的女生

■ 女生特有的"女孩子气"比起成熟女性要可爱许多。你能想到哪些区别呢？"圆嘟嘟、软绵绵、甜美笑容、花朵、天真灿烂"等。

■ 用形状来形容的话，会是棱棱角角的，还是圆嘟嘟的呢？一定是圆润的感觉吧。这点也可以通过裁切照片外形体现出来。上面的例子中，用了一个大幅度的圆弧，可爱而亲切的感觉就油然而生了。

1. 裁切出圆形效果，展现出亲切感

2. 用粉红色体现出主体为年轻女性

3. 用点状图章衬托出可爱

边角圆滑处理，体现出可爱感

直角

带弧度的角

相当圆滑

把照片的边角裁切成圆形。要表现出可爱女生的感觉，棱角显然不比圆滑效果好。不过要是太过于圆滑的话，则就显得孩子气了。

调整粉红色的饱和度

色彩浓厚　　　女生！　　　可视度低

粉红色可以衬托出女生的感觉。不过色彩的浓淡需要看具体场合，大家多调试看看吧。

点状图章以及密度

密集　　　　　　　　　　　蓬松

点状图章的间距大小也能影响整体的可爱感。密度太高，就会失去蓬松或圆嘟嘟的感觉了，这点需要注意。

展示可爱的小技巧

比如标题部分用经过裁切的照片和具有装饰效果的西方字体，再添加两条粗细不同的线条。这种小技巧经过叠加，也能提升可爱感。总之多试试吧。

> **要点**
>
> 这些展现女生感的小技巧，可以通过阅读面向女生的刊物学习到。以设计师的视角去找，总能找到许多小技巧的。

女生喜欢粉红色

■ 女生会喜欢什么颜色呢？既然是可爱的颜色，从通道中看，对比缓和而轻柔的通道就是粉红色了。粉红色适合用于可爱的文字或心形图标。

■ 最后可以用白底的图章修饰作品，这样更能展现出可爱的感觉。这种修饰虽说可有可无，但既然加上去会更可爱，那何乐而不为呢？作品例子中用了间距较大的图章，间距大一点，更显蓬松，也就更可爱了。

16

面向女性的
表现手法③ **宠物**

天真无邪、毛茸茸，还略带点"孩子气"，给人一种可爱的感觉。作品例子用了一只小狗的照片，用对焦手法对远近场景进行了模糊处理。

可爱的形象，圆Gothic体

■ 天真无邪又有点"孩子气"的字体比较接近可爱的主题。上面的例子中，为了体现相册标题的亲切感，特地选用了圆 Gothic 体。这种圆润的字体，很容易让人和狗的体格联系到一起。

■ 页面中口语风格的说明文，为了给人一种有声的感觉，因此选用了手写体字体。文章口吻在结合了通道的基础上，用间距大而宽的字体，表现出了"一定要看哟"的轻声细语般的感觉。

1.用圆Gothic和手写体字体强调亲切感

2.焦点照片模糊处理，表现出柔和感

3.关键地方加气泡框，简洁直观

照片焦点和对焦的区别

没有模糊、偏现实

模糊、梦幻

一张对焦的照片能给人一种"新闻、现实"般的感觉。而模糊照片则有种"梦幻"般的感觉。同一张照片，根据焦点、对焦、模糊效果不同，给人的印象也截然不同。

可惜！

同一特征的字体要是过于统一就会显得单调

要是全篇都使用同一特征的手写字体难免显得单调。

反之，不同字体用太多，印象就会令人捉摸不透。可同种特征的字体用太多又显得单调。所以，要有意图地选择字体，让整体显得对比鲜明。

思考气泡框的类型与印象区别

气泡框形状很多，作品例子为了提高宠物的可爱形象，使用了对话框。气泡框的形状，需要根据感情色彩和句子来定，具体可以多参考漫画气泡框的应用。

要点

先构想好自己想表现出来的世界观，然后再思考实现这一目标的方法。

通过装饰质感，提升世界观

■ 作品的主要照片是一只奔跑着的小狗，近处和远处背景进行了模糊处理，照片给人一种毛茸茸的可爱感。而在页面边缘，还有一张抠过图的小狗照片。这种对比，可以增加可爱效果。

■ 再来看看关键位置的气泡框，那是一种缓和的曲线，丝毫不会给人硬邦邦的感觉，仿佛用手指一戳，就能戳出一个小酒窝。通过这些富有质感的装饰，宠物的可爱形象就大大提升了。

17

面向男性的
表现手法① **帅气**

提到"帅气"你能想到什么？想必是帅气的表情、帅气的言行举止之类
能吸引你的画面吧。帅气是一种美感。接下来我们来看一下通过画面
吸引人心的表现方法吧。

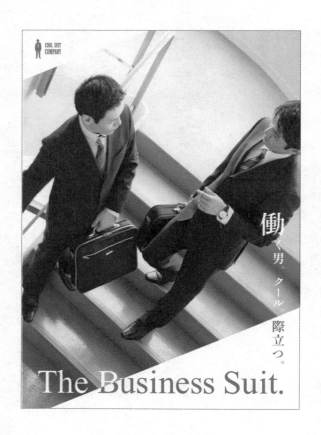

直线

■ 作品例子是一个西装广告，表现的"工作的
男性"有多么帅气、潇洒。展现出了一种精神抖
擞、意气焕发的帅气男人形象。那么，直线究竟
该怎么体现出帅气呢？

■ 首先需要构思整体格局。图中左上到右下有
线条交汇，倾斜地切割文字和照片，给人一种简
练精干的印象。我们需要在照片的灵感上构思直
线的格局。

1. 活用直线格局，塑造简练精干的印象

2. 使用能让人意识到"美感"的字体

3. 低彩度的蓝色和无色的对比，突显男性英姿

活用直线格局，塑造精干印象

相比曲线，直线更能体现帅气感。这些对比分明的清晰线条还能给人一种简练精干的感觉。相比曲线，直线更能体现帅气感。这些对比分明的清晰线条还能给人一种简练精干的感觉。

设计中须懂得活用照片中的元素

左边例子中的台阶直线，在切割文字和照片外形方面有着很好的应用。右边例子中，窗户格子作为标题的底色也起到了很好的衬托效果。像这种灵活应用照片内元素，可以为设计带来不少灵感。

具有美感的字体，你会选哪个？

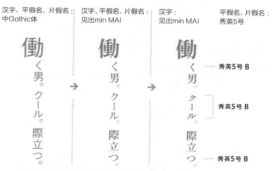

汉字、平假名、片假名：中Gothic体　汉字、平假名、片假名：见出min MAI　汉字：见出min MAI　平假名、片假名：秀英5号

…… 秀英5号 B

…… 秀英5号 B

…… 秀英5号 B

来选一下具有"美感、帅气"的字体吧。比起Gothic体，明朝体更帅气。平假名、片假名部分，为了突显文字的流线型，选用了"秀英5号"。整体的"美感、帅气"就不言而喻了。

根据印象选择最贴切的通道

爽快 C90　　诚实 C100 M85　　男性魅力 C80 M60 Y40

同样的蓝色，根据饱和度、明度的通道值不同，给人的感觉也大不相同。把颜色的感觉转换成语言，然后选出最合适的一个通道吧。

> **要点**
>
> 根据氛围构思设计的原创性至关重要。通过活用照片元素寻找出灵感，也是设计师的职责所在。

美感与外形，明确的意图

■ 字体注意"工作的男人，顶天立地最帅气。"的汉字用"见出 minMA1"，平假名、片假名用"秀英5号""商务西装"的英语用"Times New Roman"字体。这些字体都是根据"美感"意识选择的。

■ 另外，色调的搭配也是关键。淡蓝色与黑白色这种男性特有的对比色，可以体现出一种帅气而精干的感觉。蓝与白两种颜色的明确搭配，可以衬托出男性坚定的意志。

18

面向男性的
表现手法② **中庸**

当需要同时表现出"多种印象"时，不该给人一种"这个就是这个！"类似说明书的感觉，而应该用让人能静下心感受"中庸"的表现手法。

中庸，清爽的印象

■ "中庸"代表着"介于两者之间"，不走奢华路线，给人自由的想象空间，是一种"含蓄的美"。上面的例子是音乐 CD 的宣传海报。把你看到这张海报的感觉转化为语言会是什么呢？

■ 首先会感到很清爽吧。氛围给人一种很平衡的感觉。再来看一下排版，文字看似是随意地排列，但文字的所在位置却排列得恰到好处。加上天空的空白区域，给人一种简洁而清爽的感觉，让人看着觉得很舒服。

1. 自由却又有条理的排版

2. 选择宁静、轻快二者平衡的字体

3. 划分出空白区域，并用年轻人的色调

调整色调并划分出空白区域

降低色彩度

添加绿色让颜色平衡

为了提供自由想象的空间，把色彩浓度偏高的蓝色调成淡蓝色。另外为了增加有机感，又把色调稍微调绿了。

出格却又整齐，中性感

看着有点出格，却又很整齐。这种出格与对齐的和谐统一，体现出清爽而又中性的感觉。

宁静与轻快，二者兼备

并不是说上面的sans Serif字体不好，但既然要兼顾宁静与轻快的感觉，还是下方Scrip体的"Memphis Light"更合适。

文案要时尚，不能太生硬

同样的一个意思，根据文案不同，印象也会天差地别。比如一句"I Love you"，夏目漱石翻译成了"月亮好美"，却依然能让人感受到爱意。这就是时尚的文案。

A：我爱你！真的！
B：……月亮好美。
A和B均是"爱"的意思。

要点

设计时，有时候需要表达强烈的主张，有时候又需要拉开间距含蓄表达。判断气氛，也是设计师必备的能力之一。

轻快年轻态，彼此暧昧感

■ 中庸与轻快感融合是最好的。为了达到能体现轻快感的效果，作品中日语字体选用了细Gothic体，英语字体不用sans Serif体而选用了Scrip体。为什么呢？这是为了让宁静感与轻快感保持平衡，达到一种彼此暧昧的效果。

■ 接着再来看下作品的色调。原本全彩的照片，为了能让观众有想象的空间，而降低了色彩度。而为了体现出有机感和年轻人的感觉，整体色调也稍微调成了绿色。为的就是达到中庸、中立的设计效果。

19

面向男性的
表现手法③ **强而有力**

当需要展现力量、强度、动态或质感时，可以通过叠加多种表现手法，
增强作品的"力量"。

展现动态，呈现魄力

■ 一张火焰的视觉效果图，是否觉得非常有魄力呢？为什么会有魄力呢？这是因为富有动感。同样是火，烛光摇曳和熊熊燃烧的视觉冲击是截然不同的。这里的广告选择了熊熊燃烧的火焰。

■ 照片的布局也很关键。要是用小格子布局呈现，魄力也会锐减一半。要用大的布局呈现出一种震撼的效果。要让人看着就仿佛能感受到热！那样，能量也就出来了。

1. 用动感的视觉效果，呈现出魄力

2. 大胆的布局，强有力的视觉冲击

3. 用对比强烈的地面质感体现出节奏感

动感照片，更有冲击力！

同样的火焰，燃烧程度不同，视觉冲击的表现力也不同。选择燃烧的火焰，并把火焰细节放大！

通过地面质感提高视觉冲击！

水泥般的地面贴图

GORIOSHI
英语：Berthold city Bold

飞散的粒子素材

"Berthold city Bold"使用的是粗大的Slab Serif体。地面纹理贴图在Photoshop中叠加"固定光"模式。最后再添加粒子素材。地面质感增强后，视觉冲击力也大大提升！

中央轴心凸出对比

小

大

小

把元素沿页面中心轴居中对齐，并通过"小、大、小"的比例凸显出对比，增加明显的节奏感。

关于冲击力 × ○○的思考

冲击力不是随便就能呈现出来的，要思考"该用哪些部位表现冲击力"。首先，构思好"想要表达的内容"。同一张照片，根据聚焦的点不同，表现出来的感觉也截然不同。

原照片 　健壮的"胸肌"　有魄力的"振翅"

要点

这张照片想表达什么→力量就该明确表现→需要思考力量的表现手法。

地面纹理增加对比效果

■ "GORIOSHI"标题也能带来强有力的印象。图中的字体选用了粗大的 Slab Serif 体，虽然字体也具有一定的冲击力，但通过地面大小不一的岩石质感再次提升了震撼效果。

■ 页面中央有一条用于排版的轴心线，"还没结束呢"和"男人的能量饮料"两句相对中间的标题要小。轴心上呈现出"小·大·小"的凸显比例，不仅增强了对比，还使文字呈现出一种节奏感。

20

宣扬自然的表现手法① 自然

大地的颜色能让人联想到"自然"。绿色的基调能让人联想到广袤的森林，大自然的柔和气氛脱颖而出，给人一种温和的印象。

のんびり野原

丸々子公園

丸々子公園駅から、歩いて5分。
いっぱいに広がる野原と青空。
家族でのんびり、笑顔な一日。

大地的颜色，无限自然风光

■ 看了上面的作品例子，不难感受到广袤的森林和茂盛的植被吧。标题"丸子公园"也用绿色和背景达到和谐统一。就算照片和文字的元素不同，只要颜色统一，就能起到和自然风景融为一体的感觉。

■ 例子中选用了能让人感受到自然的照片。为了达到广袤无边的效果，最好让照片的布景能够看到远处的景色，这样观众看了会觉得很愉快，不禁地会产生想在上面自由奔跑的感觉。上面例子的照片中采用了远近对比的手法，但又稍微以远景为主。

1. 以大地的颜色为主

2. 选择能让人感受到自然柔和的字体

3. 设计应反映出"想追求的表情"

文字用照片上大地的颜色

棕色
C55 M50 Y65 K60

绿色
C60 M20 Y80

大地颜色能让人感受到自然。字体颜色可以用吸管工具吸取照片上的颜色，让字体和照片融为一体。用颜色体现出自然的感觉。

感受柔和自然的粗字体

左：Ryo Gothic PlusN B
右：Ryo Gothic PlusN R

左：秀英圆Gothic Std B
右：秀英圆Gothic Std R

要是想让人感受到"茂盛的植被"，就用左边的粗字体，而要想让人感受到"自然的柔和"，用右边的细字体会更好。同一种字体，根据粗细不同，给人的感觉也会不同。

用形状反映出想追求的表情、感情

当人们看到设计作品时，你希望人们会有怎样的表情呢。希望得到笑容就用曲线，希望看到沮丧就用波浪线，希望感受到了愤怒就用菱形波浪线。这些曲线有时也会为设计带来灵感。

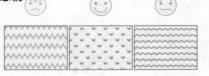

要点

把希望观众"会有哪种心情"的想法用视觉效果表现出来也是设计的一个环节。想法和设计水平成正比。

用形状反映出想追求的表情

■ 例子中的字体选用了圆 Gothic 体。你是否感受到了自然的亲切感呢？字体要是粗了，会显得孩子气，所以粗细需要仔细衡量。例子中引文的棕色是根据大地的颜色和树木的颜色配的。

■ 曲线的布局可以说是圆 Gothic 体的扩展。当人们到一个舒适的场地，会有怎样的表情呢？微笑！布局中的曲线就代表着笑容、微笑的含义。把想追求的表情通过形状的方式表现出来，也是设计的一个手法。

21

宣扬自然
的表现手法②　# 手工艺

手工艺品的特色可以说是因人而异，根据制作者的手艺形状也是各不
相同。那设计上要表现出各种各样的特色时，该怎么表现才好呢？

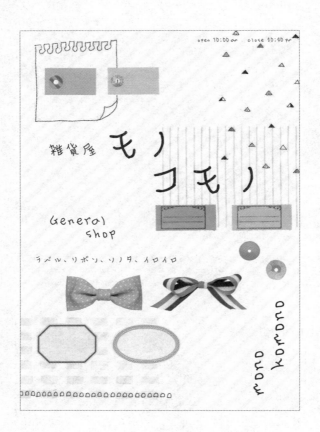

心意、自由、抠图

■ 当你看到"手工艺品"时，会感受到什么？
一份工匠的心意，一种体贴的关怀。这种非机械、
不整齐的特点也应在排版中反映出来。排版时要
有手工般的自由感。

■ 既然要让人感受到"自由"，那么画面元素
就得抠图了。透过照片轮廓看到背景，也是一种
自由。例子中可爱而丰富的氛围，让人看了会有
一种"这是一家怎样的店呢？"的期待感，是一
种时尚的错位方式。

1. 不必太对齐的自由排版

2. 选用容易引起共鸣的手写字体

3. 抠出能让人感受到心意的素材图

通过自由排版，传达人的心意

 →

整齐的机械般排版　　　　自由的手工感排版

自由排版就仿佛手工摆放一般，能多一分手工艺品的感觉。注意排版相对随机、不整体。

选择容易引起共鸣的手写字体

共感されち、 手書きフォント	共感される、 手書きフォント	共感される、 手書きフォント	共感される、 手書きフォント
太阳公公字体	FOT-花风笔字体	FUI字体	美佳酱_O字体

手写字体能够多一分"手工品"的感觉。作品例子中选用的字体为"太阳公公字体"。手写字体富有个性，根据你想展示的对象，选择合适的手写字体吧。

角版和抠图区分开来

根据作品氛围思考照片的展示方法。照片的展示方法不仅只有"角版"（左），"抠图"（右）也照样可以。

要点

"时尚的错位方式"的前提是需要知道"错开前的排版状态"。练好基础才能更好地应用。

共鸣、传统、随机感

■ 作品例子为了表现出"手工"，特地选用了"手工字体"。这次的作品主要是面向女孩子，为了让观众产生共鸣，字体选用了与观众群体差不多年纪风格的手写字体。会写这种可爱字体的人，往往对话也比较风趣。

■ 例子的背景使用了传统素材。像绘用画颜料涂出来的纹理都属于传统素材。整体得有一种随机感，不要太过于整齐。正因是"手工"，所以商品能给人一种放心的感觉，店面也会给人一种温馨的感觉。

22

宣扬自然
的表现手法③ **透明感**

"透明感"是一种清凉、清水般的感觉。往往能让人联想到冷静、高雅之类的词汇。可以表现出场景晶莹剔透的感觉。

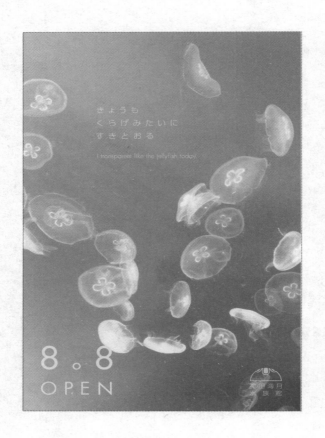

添加渐变效果

■ "透明感"是一种晶莹剔透的印象，所以我们需要思考怎样表现才能显得"晶莹剔透"。请看一下上面的作品。图中的"海月"指的也是水母。水母本身是透明的，可以先不用管，大家看一下背景的照片。这里用到了渐变效果。

■ 要表现出"透明感"，就得有从上到下，由浅到深的颜色变化，作品的照片就用到了这种渐变手法。为什么上面的要比较亮呢？那是为了表现出一种光线从上面照射下来的感觉。透明的颜色变化，通过这种过渡性的渐变，就显得"晶莹剔透"了。

1. 叠加渐变效果，表现颜色变化

2. 体现新鲜感，现代风格的Gothic字体

3. 用黄色作为蓝色的对比色

通过叠加渐变效果，体现出透明感

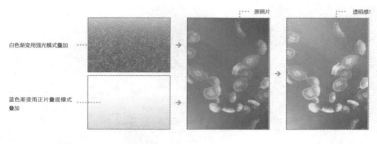

白色渐变用强光模式叠加

蓝色渐变用正片叠底模式叠加

原照片

透明感！

从上到下，由浅到深。通过在照片上面叠加渐变效果，表现出透明的色彩变化，体现出晶莹剔透的透明感。

体现新鲜感的字体×水母的扁平字体

くらげみたい

不像现代风格的字体。岩田中Gothic旧体字体

↓

くらげみたい

现代风格！UD新Gothic Pro L正体

↓

くらげみたい

像水母的扁平字体！UD新Gothic Pro L扁平体110%

"现代风格的Gothic体"是为了消除活字体的那种笔画感，体现出一种简约均衡而明朗的感觉。为了与水母外形相似，文字也拉伸成了扁平体（原本"扁平字体"是指缩小字体的上下高度，这里则用了拉伸左右的方法）。

用对比色增加对比度

当想在页面的局部体现出重点时，就可以在关键位置用页面整体颜色的对比色标注，对比效果将很显著。要是页面整体为黄色就用紫色，整体为绿色就用红色（具体参照第65页）。

ACCENT

要点

为什么要体现透明感呢？是为了更有现代感？在日常生活中，记得多观察一些设计作品，并试着把"印象的感觉以及理由"用语言表达出来吧。

现代风格的黄色对比

■ 例子中的字体是什么效果呢？为了表现出透明感，作品选用了小而轻的字体。而公告为了表现出新开业的感觉，选用了能让人感受到"最新"的现代风格 Gothic 体。另外为了让字体与水母外形相联系，字体调整成了扁平体（横长）。

■ 再来看一下作品左下角的字。很醒目的黄色吧。在蓝白色调的视觉效果中，用与蓝白相反的黄色，可以起到强烈的对比。要是在现实的世界中，黄色字体旁边的水母估计也会吓一跳。

23

古典怀旧的表现手法① 和风

能让人联想到日本，感受到"大和"元素的设计是哪种呢？通过设计可以对日本有一个新的认识。这对日本的设计师来说或许是一个难得的机会。

思考什么是"大和"

■ 上面的作品例子是以"大和"为主题的《夏季赠品特辑》。设计师需要根据资料和历史来进行配色和选取素材，这点非常重要。对于什么是"大和"，可以先调查和服的历史以及日本的季节风俗，并将这些融合到设计里面。

■ 需要注意的是红色基调。日本国旗是红色的，红色也是日本的象征。所以作品例子以红色为基调。不过传统的红色也有很多种通道效果。颜色本身具有韵味，设计师想要添加的印象，可以通过叠加颜色的韵味体现出来。

1. 以直观象征日本的红色为基调

2. 选用笔画感强烈的毛笔字体

3. 调查"大和"的资料和历史，找出"和风"元素

制作"和风"素材

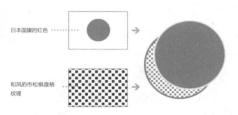

日本国旗的红色 ……

和风的市松棋盘格纹理

把象征日本的红色，以及和风的市松棋盘格纹理结合在一起，能制作出新的和风素材。别有一番现代风味。

日本传统颜色也能为设计带来灵感

红色
C 15　M 99　Y 70

茜红
C 35　M 99　Y 84

胭脂红
C 27　M 94　Y 73

日本"红色"这词来源于红花，"茜红"来源于红色根部的染料，而"胭脂"则是颜料偏暗的深红色。不同颜色的名词有时也能为设计带来灵感。

历史感的毛笔字体多种多样

贈りもの　　贈りもの　　贈りもの

汉字：A-OTF　　　　A-OTF角新行书 Std M　　FOT-万叶草书 Std E
西方楷体 Std Light
假名：筑地活字含五号假名

笔画感强烈的字体，能给人一种经年累月的韵味。当然，毛笔字体也有许多种类型，从左到右分别是"楷书""行书""草书"体，越往右，历史感越浓厚。

调查历史资料，融入设计之中

素材仅靠获得是不够的，需要懂得自己索取，这点在制作好作品时是必不可少的。认真调查相关历史资料，寻找凝聚成形的灵感，并融入设计之中。

纹样　　家徽　　生物　　墨画　　和

要点

收集能用于设计的资料，并不只局限于和风。行业、地区、目标等，只要与设计内容相关的视为资料。

目的是为了吸引人阅读特辑

■ 楷书的毛笔字体具有十足的传统风味。字体原先都是人用手写的，所以具有浓厚的历史感。假名部分用笔画感的字体，能体现出一种经年累月的感觉。

■ 再来看一下作品的背景。重叠在红色下面的市松棋盘格纹理，看着像云朵，又有点像牵牛花的剪影。体现出一种"当今时代的大和风"的现代日本风格。这个例子的设计目的，不是单纯为了让人感受到和风，而是要让人知道这个一本关于什么的特辑，并以和风的氛围为切入点，吸引读者阅读。

24

古典怀旧
的表现手法② **复古**

当需要表现怀旧感或者旧古董的优点时，要怎样才能表现出复古风呢？这需要在设计作品中用想要表达的时代中的具体东西作为参考。

用颜色和形状表现"复古"的情怀

■ 当你听到"复古"这个词时，能想到什么呢？怀念旧物，一缕乡愁，一丝可爱。比如一张想让人怀旧的昭和初期的照片，该怎么设计呢？一定是褪色、噪点、老旧的感觉吧。

■ 这些就是设计时的灵感，试着在作品中展现出来吧。作品例子整体以一种暖色调的淡褐色为主，照片外形还处理得比较圆滑，表现出一种"复古"的情怀。

1. 褪色的暖色调 ，圆滑照片外形

2. 选用怀旧风格的圆润字体

3. 用陈旧感的纸张为质地增加噪点

具有复古感的颜色、素材有？

上：C30 Y70
下：M70 Y30

上：C10 M60 Y70
下：C10 M40 Y90

上：K80
下：C30 M100 Y100

上：C50 M70 Y60 K70
下：M75 Y100 K15

具有陈旧感的纸张

陈旧的质地加上暖色调的褪色效果，就有复古的感觉了。

怀旧感的字体

レトロな写真展
Folk Pro M

レトロな写真展
New Cinema B

レトロな写真展
昭和现代字体

RETRO PHOTO
Antique Olive Compact

RETRO PHOTO
Copasetic NF

RETRO PHOTO
Broadway-Normal

怀旧感的字体种类很多，根据不同媒体和设计主题，选用最适合的字体即可。另外，也可以参考不同时期的书籍。

整体叠加感觉、方向性

当需要把照片处理得复古时，可以把"对照片进行褪色处理""陈旧感的纸张图片用正片叠底方式叠加""照片外形处理成破旧的感觉"等方法叠加进去，复古效果会有显著提高。

要点

让人怀旧的设计，需要明确所要表达的时期。这样感觉和方向性就变得清晰了。

整体感觉，以及添加局部元素

■ 字体也应当让人感受到怀旧感。标题上的"复古照片"几个字，为了体现出可爱，选用了粗体的西文字体。标语"照亮你灵魂"选了橙色的配色，显得具有灯光的特征。

■ 为了呈现出陈旧的印象，作品例子中选用了一张陈旧的纸张作为背景。另外，照片周围再加上一些污渍，这样就更显陈旧了。在想要表现的整体感觉的基础上，添加与其方向性一样的部分元素，就能给人一种复古的感觉了。

25

古典怀旧
的表现手法③　　# 经典

经典给人典雅而高尚的印象。仿佛就像优雅的贵人身上散发出来的气质。典雅的颜色、文字、装饰等细节也能体现出高格调。这种能让人感受到"品味"的风格，这就是经典。

想象何为典雅

■ 听到典雅的美术馆，里面会是什么样子呢？装饰一定很多吧，颜色一定是金光闪闪吧！没错，要在脑内浮现出典雅的画面。这种想象，是接近目标的原动力。

■ 体现"经典"有一个很重要的部分，就是具有高端大气之感的排版。堂堂正正汇集中心一点，加上用来衬托中心点的新艺术风格装饰边框，经典味十足。这种新艺术风格的植物纹理非常适合用来表现典雅的气氛。

1. 汇集中心一点的王道感排版

2. 添加装饰边框，表现出典雅气氛

3. 根据装饰风格，选用合适的字体

高端大气的排版，汇于中心一点

格局向中心点汇集，能给人一种正直的感觉，清脆而不失老练。给人一种厚重的优雅感。

添加装饰边框，典雅气氛油然而生

植物纹理的装饰边框，典雅感十足。装饰边框可以简洁也可以华丽，要根据具体场景搭配。

根据装饰风格，选用合适字体

Elegant Museum

Palatino nova Bold

Elegant Museum

Zapfino Extra LT Pro Regular

ELEGANT MUSEUM

Trajan Pro Regular+粗体

優雅なパリの美術館

光朝

優雅なパリの美術館

龙明 M+龙明旧体假名 M

優雅なパリの美術館

小塚明朝 B+游筑五号假名 W6

体现典雅氛围时，选些具有独特笔画、边缘风格的字体吧，和装饰边框一定很匹配的。

多重条件是优秀作品之母

在典雅的印象中，有"文字不能太显眼"以及"印象与感知保持平衡"的双重条件限制。在这种条件限制下，就会诞生出"在照片上面添加紫色"的创意。正因有难度所以有趣。

条件1.想提高"典雅度"
条件2.想让提高"文字的可视度"
↓

 叠加紫色 →

要点

在有限的预算和条件限制下，经常能诞生出很好的创意。

有条件限制，才有好的创意、手法

■ 作品例子中的"典雅美术馆"用了 Trajan 字体。这种仿佛工匠雕刻的字体与装饰边框及其他西文字体的匹配度很高。日本字体则在西文字体的基础上，选用了风格老练的字体。装饰与字体相辅相成更显经典。

■ 秉着颜色既要展现出"典雅"，又要"文字的可视度高"的目的，例子中照片的主色调调成了紫色。这样整体印象和感知度就达到了一个平衡。正因"两边必须保持平衡"的条件限制，才能诞生出好的创意和表现手法。所以说，条件限制，应当来者不拒。

大家都喜欢这种设计师!

设计师的优点! 你符合几项?

大家最喜欢的……

- ☐ 文字排版很细心
- ☐ 作品风趣幽默
- ☐ 会根据色环配色
- ☐ 精心调整排版
- ☐ 思维独具创意
- ☐ 能给别人提供意见参考
- ☐ 遇到瑕疵直言不讳
- ☐ 会精选印刷用纸
- ☐ 按时交稿
- ☐ 熟练使用快捷键
- ☐ 交稿文件符合格式
- ☐ 使用高清照片
- ☐ 草图简单易懂
- ☐ 清楚印刷公司
- ☐ 少用免费素材
- ☐ 拥有一堆参考书
- ☐ 设计能活用空白
- ☐ 图文并茂素材齐全
- ☐ 装饰能具有世界观

- ☐ 敬语用得很好
- ☐ 良心收费
- ☐ 英语良好
- ☐ 自己摄影
- ☐ 介绍作品出语不凡
- ☐ 笑容甜美
- ☐ 作品独具特色
- ☐ 与客户照面前精心准备
- ☐ 设计方向准确
- ☐ 不给苹果电脑贴金
- ☐ 削得一手好铅笔
- ☐ 英语和数字使用西方字体
- ☐ 文件名格式规范
- ☐ 图层排列井然有序
- ☐ 写邮件很细心
- ☐ 思想积极向上
- ☐ 睡觉也能做出好作品
- ☐ 着装能体现自己的世界观
- ☐ 什么都写在脸上

○ 什么样的设计师最受欢迎?

千万不要以为"只要设计水平高"就可以我行我素了! 实践证明, 受观众欢迎的设计师, 其作品自然而然就能给人好作品的感觉。

作品是展示给人看的, 也就是说必须与人交流。懂得体贴周边的人, 这种心意也会体现在设计作品上。那样, 你就会越受欢迎, 设计水平也会越高(当然, 未必就能纵横天下)。

乐于展示作品、展示自我, 也是设计的一个环节。

后 记

感谢大家读完这本书。

我小时候，不管小学、初中还是高中读书成绩都不好，而且还不擅长运动，更不受女生们欢迎……总之回首学生时代，就是一片惨淡。那时候，我唯一的长处就是画画。后来，我并没有报考艺术系，而是选择了普通的大学。毕业后，正当我打算西装革履去上班的时候，我忽然感觉自己这样是成不了事的！于是我进入职业学校学习设计。之后我的第一份工作是在一家广告代理店中打杂，但我更想做与人有进一步交流的设计！于是我跳槽到了一家以品牌推广为中心的设计公司。经过一段时间的工作，渐渐有越来越多的人找我设计作品，于是我就成了一个独立设计师。

此前我一直以为，有天赋的人才能成为设计师。这个看法一直困扰了我很久，给我一种当设计师比登天还难的感觉。为什么我会这么认为呢？

这是因为一流的设计师和其他设计师之间的差距实在太大，初级设计师往往听不懂高级设计师所说的话，高级设计师往往又懒得去从头教起。正因为设计师说话太高深莫测，造就了设计师和"非设计师"群体之间的差距。这个问题一直令我痛心疾首。

所谓设计，并不是"设计师"的专利。对于设计，除了技术之外，还有一些更重要的心态，需要普及到更多人身上。因此，我希望通过简单而有趣的语言，让更多"还不是设计师"的人能够学到设计知识，感受设计乐趣，于是写了这本书。

而如果像教科书那样认真而死板地教，显然太过无趣了。设计的表现手法是在自由之间穿梭来去，因此文字需要一定的趣味，例子也需要具有一定的幅度。通过这本面向普通人的"实践设计"教程，然后孜孜不倦地重复"创作→展示→领会"的流程，你一定也能成为一名设计师！记住，多结识朋友，多与人交流，本身也是设计。

希望这本书能对你的设计之路提供帮助。请你做设计的人，一定会接踵而来的。

永井弘人

参考文献

1.《一看就会的设计教科书》泷上园枝，MdN出版社，2012年。

2.《一看就会的配色教科书》柘植Hiropon，MdN出版社，2015年。

3.《How to Design 最有趣的设计教科书》kaishitomoya，MdN出版社，2014年。

4.《西文字体的背景和用法》小林章，日本美术出版社，2005年。

5.《印刷的基础知识——专家教你受用一生的技巧》大崎善治。

6.《普通人的设计之书》罗宾·威廉 著，吉川典秀 译，每日交流社，2008年。

7.《给设计师的3个秘方——排版设计 Illustrator&Photoshop》柘植Hiropon，翔泳社，2009年。

8.《让大脑有效工作——把"我知道"变成"我可以"》茂木健一郎，PHP研究所，2008年

9.《信息呼吸法》津田大介，ideaink 出版社，2012年。

书中例子出处一览

P44　霞关动物诊所宣传单（2015年）。插画：小仓ayano，照片：服部惠介。

　　　后援的"迄今为止的+a展"宣传单（2012年）。插画：安井隆人，照片:服部惠介。

P45　UM Design Association的"用设计说话"海报（2015年）。模特：梅泽泉。

　　　Key・Company的"斗争"宣传册（2013年）

P58　交响乐团MOTIF海报（2014年）。

P59　银座越后屋的"锦秋衣裳展"宣传册（2014年）。

P61　猪肉干"高贵的猪"包装（2013年）。插画：安井隆人。

P66　信州的鹿肉・熊肉罐头包装（2015年）。插画：吉田梓。

P70　霞关动物诊所商标（2015年）。

P71　CARNEVALE的肉蓉蛋糕礼盒包装/Flower Design ri Lavande（2015年）。

P80　信州糖包装（2014年）。

P81　PALY GROUND MUSIC JAPAN的上保美香子的CD《雨天》的包装（2015年）。

P81　CARNEVALE的"烤肉店KINTAN"商标（2013～2015年）。照片：服部惠介。

P82　ATOOSHI"高度"海报（2013年）。插画：吉田梓，照片：服部惠介，音乐：箱守启介。

P83　笛井事务所的朗读话剧 星新一"New Planet One"宣传单（2014年）。

P85　"结 Voice of Asia Yui"商标（2014年）。

P86　"家人的一天"商标（2014年）。照片：Chiho。

P114　CARNEVALE的烤肉店KINTAN品牌推广（2014年）。印刷：国泽良佑，照片：服部惠介。

　　　CARNEVALE的烤肉店KINTAN洋酒包装（2014年）。印刷：山道保穗，照片：服部惠介。

　　　CARNEVALE的烤肉店KINTAN金属烟灰缸（2014年）。制作：大泽顺一，照片：服部惠介。

　　　CARNEVALE的烤肉店KINTAN倒模烟灰缸（2014年）。制作：光鸠严，照片：服部惠介。

　　　九州唐津特产腌曲榎、杏鲍菇包装"（2015年）。技术指导：桑原康介（地区资源活用会），

　　　印刷：国泽良佑，照片：服部惠介。

P115　婚礼会场Lumiamore的品牌推广（2014年）。照片：服部惠介。

　　　信州PREMIUM&PEAKs标志（2014年）。照片：服部惠介。

P129　UM Design Association的表情图标（2014年）。设计：鸿巢志步。

P140　UM Design Association的"大家都喜欢这种设计师！"的问卷调查（2014年）。

　　　照明：梅泽泉、郡司章、鸿巢志步、佐藤高光、tyonjikyu、野中智未、吉冈阳香里

全书艺术指导与设计：永井弘人（ATOOSHI）